第二次大戦、諜報戦秘史

岡部 伸
Okabe Noburu

PHP新書

はじめに　世界の誰でも閲覧できる「みんなの共有財産」

世界初の土地台帳「ドゥームズデイ・ブック」、法の支配を定めた「マグナ・カルタ」、カトリック教会から決別した「ヘンリー八世の離婚証明書」、英仏露で極秘に中東を分割した「サイクス・ピコ協定」、王冠をかけた恋で知られる「エドワード八世の退位証書」、英国の原爆開発計画「チューブ・アロイズ」、ウィンストン・チャーチルがヨシフ・スターリンに示した欧州を分割する「バルカン取引（密約）」メモ、そして北方領土問題を生んだ「ヤルタ密約」――。ロンドン中心地から南西に地下鉄で約四十分。王立植物園（キューガーデン）の近くにある英国立公文書館には、英国が中世から現代まで千年にわたり収集してきた公文書など、世界の歴史に名高い一次資料が数多く保管されています。

資料の数は、秘密解除された公文書のみならず、電報、地図、メモ、写真など一万点以上、棚に並べると一六〇キロメートルの長さになります。

かつて英国が世界の陸地の四分の一と七つの海を支配した覇権の源泉となったのが、卓越した情報収集と正確無比な分析力、つまりインテリジェンス（諜報・情報活動）でした。全世界で入手した多種多様な情報が入念に分析され、外交や戦争などに活用されてきたのです。こうした大英帝国の英知ともいえる重要な公文書の原本が、英国民のみならず、人種、国籍を問わず、誰でも無料で直ちに、直接手に取って閲覧できます。特定の政治家や研究者などのものではなく、「すべての人の共有財産」であるとの原則が根幹にあるからです。

筆者は二〇一一年、拙著『消えたヤルタ密約緊急電』（新潮選書、第二二回山本七平賞受賞）の取材で訪れて以来、同館に毎年足を運びました。一五年から一九年まで産経新聞社ロンドン支局長として英国に駐在した当初は近くに居を構え、同館担当記者として一般公開前に文書に立ち会い、毎週末の土曜日は同館に籠って資料と格闘しました。帰国後の現在も入手した大量の文書や資料の整理と分析に追われています。本書は、約十年間、同館で遭遇した「珠玉」の文書から、所属する産経新聞や月刊誌『Ｖｏｉｃｅ』などで紐解いた九つの「真実」をまとめたものです。

第1章は、ジェームズ・ボンドのモデルになったスパイが得た、日本の真珠湾攻撃情報をＭＩ５（情報局保安部）が把握していたと見られる資料をもとに論考した『Ｖｏｉｃｅ』二〇一五年四月号掲載「『００７』が予告した真珠湾攻撃」に、英国赴任中に確認したルーズベルト・チャーチル往復電報を交え、真珠湾攻撃が〝奇襲〟ではなかった可能性に触れました。

第2章では、二〇一五年に同館で見つけたMI5が完璧と称賛した「マレーにおける日本のインテリジェンス活動」のファイルに、新たに英内閣府合同情報委員会報告書を重ねて、「F機関」など日本のインテリジェンスがシンガポール攻略で奏功したことを記しました。

第3章は、英国赴任中にチャンドラ・ボースの娘や親族にインタビューした同誌二〇一六年九月号「チャンドラ・ボースの遺族が語る『インド独立と日本の絆』」と、二〇一九年にインパール作戦の戦地コヒマを訪ね、地元住民から聞いた話などをまとめた同誌二〇一九年十一月号「チャンドラ・ボースと日本軍、インド独立の『新たな絆』」を合わせて、日本軍がボースとともに、植民地支配からの解放のために戦ったことを現場から報告しました。

第4章では、終戦直前にダブリン（アイルランド首都）とカブール（アフガニスタン首都）から外務省宛てに打電した電報を、二〇一五年に同館から取得して執筆した同誌二〇一五年二月号「昭和天皇『国体護持』の確信」に、アイルランドが日本びいきだったエピソードなどを交え、中立国からの二つの緊急電報が日本を破滅から救ったと結論づけました。

第5章は、拙著『消えたヤルタ密約緊急電』と『「諜報の神様」と呼ばれた男』（PHP研究所）に、ストックホルム（スウェーデン首都）などの現場を訪ね、新たに集めた資料を加筆して、ヤルタ会談における米英ソの密約を、まさに「人間力」で探知したストックホルム駐在の小野寺信陸軍武官の活動を分析しました。

第6章は、二〇一三年に同館で取得したスイス駐在の中国国民党政府陸軍武官の電報から、大戦末期の日本が政権中枢にまでソ連コミンテルン（共産主義インターナショナル）による浸透工作を許していた事実を記した『正論』二〇一三年十月号「日本を赤化寸前に追い込んだ『敗戦革命』工作」を再録し、大戦の失敗として防諜（カウンター・インテリジェンス）の欠陥を教訓とすべきとしました。

第7章は、択捉島と得撫島の間に国境線を引いた一八五五年の日露和親条約締結前に、北方四島を日本領とする大英帝国の地図や、ソ連が作成したと見られるヤルタ密約草案、また不本意ながらヤルタ密約に署名したと釈明するチャーチルの書簡（いずれも英国駐在中に取得）などの文書から、ソ連が不法に北方領土を奪取し、占拠したことを証明しました。

第8章は、GHQ（連合国軍最高司令官総司令部）の占領政策に影響を与えたカナダ人外交官ハーバート・ノーマンをMI5が共産主義者と認定していた文書から、『Voice』二〇一四年十一月号「共産主義者ノーマンの害毒」での論考を中心に、ノーマンと同じ英ケンブリッジ大学在学中にソ連スパイとなった「ケンブリッジ・ファイブ」との関連にも言及しています。

第9章は、同館のノーマンのファイルにあった、GHQでノーマンの同僚だった米国務省の外交官、「ジョン・エマーソンの米上院での証言録」から、日本を赤化させた占領政策について同誌二〇一五年八月号「GHQと日本共産党の闇」で指摘した内容を中心に、マルクス主義に傾倒したニューディーラーによる洗脳工作が自虐史観を浸透させたと記しました。

筆者のおよそ十年間にわたるインテリジェンスに関する調査・研究が、先の大戦の「真実」の解明につながればと願っています。

読者にはご興味のあるところからご覧いただけたら幸いです。

第二次大戦、諜報戦秘史　目次

第2章 シンガポールを陥落させた南方のインテリジェンス

第3章 インパール作戦、チャンドラ・ボースの知られざる足跡

第4章 日本を破滅から救った中立国からの二つの緊急電報

第5章 「ヤルタ密約」をつかんだ日本人情報士官の戦い

第6章 共産主義者に操られた陸軍親ソ派の「敗戦革命」

第7章 千島列島は「引き渡される」としたスターリンの深慮遠謀

第8章 一人のカナダ人外交官をめぐるソ連の国際的謀略

第9章 対日政策で共産主義者と連携したGHQ

第1章

「007」が予告していた真珠湾攻撃

ジェームズ・ボンドのモデルの一人

映画『００７』シリーズに登場する華麗なるスパイ、ジェームズ・ボンドのモデルとなったスパイは数多く実在するが、原作者のイアン・フレミングが最もイメージを膨らませた人物が第二次世界大戦中、ドイツとイギリスの「二重スパイ」だったセルビア人実業家でコードネーム「トライシクル（三輪車）」、本名ドゥシュコ・ポポフだった。ジェームズ・ボンドのイメージどおりのプレイボーイであったとされる。

ドイツのスパイを装ってアメリカに派遣されたポポフが、一九四一年十二月八日の真珠湾攻撃を米ＦＢＩ（連邦捜査局）に予告していたことは、インテリジェンス（諜報・情報活動）の歴史ではよく知られた話だが、実際にこの予告情報をイギリスの通称ＭＩ５（情報局保安部：Security Service）が把握していたことを示す秘密文書が英国立公文書館にある。

イギリスのインテリジェンスに詳しい英「タイムズ」紙のコラムニスト、副主筆で作家のベン・マッキンタイアーは、著書『英国二重スパイ・システム』（中央公論新社）で、「ＭＩ５の防諜担当部署はＢセクションと呼ばれ、そのトップを、内気でチェロを弾くのが趣味のスパイ・ハンター、ガイ・リデル（副長官、筆者注）が務めていた。リデルは膨大な量の日記を残しており、それを読むと、この驚くべき秘密機関が戦時中に行なった活動の実態を非常に詳しく知ることができる」と書いている。

この「リデル日記」が英国立公文書館で公開されているのである。それによると、リデル副長官は、真珠湾攻撃後の一九四一年十二月十七日付の日記で、ポポフがドイツの情報機関からアメリカに派遣される際、真珠湾の軍施設や米艦隊の状況を偵察する指示を受けた「トライシクルの質問状」（調査リスト）が「いま、われわれ（ＭＩ５）の手元にある」と記していた。

ドイツとイギリスの「二重スパイ」であったドゥシュコ・ポポフ（英国立公文書館所蔵）

「トライシクルの質問状」はいま、われわれ（ＭＩ５）の手元にある。これは八月にドイツ人たちが真珠湾について特別に関心を示し、可能なかぎりのあらゆる情報を入手したがっていたことをきわめて明瞭に示している。

リデル副長官が真珠湾攻撃からわずか九日後の日記に「トライシクルの質問状」（以下、「質問状」）と書いているのは、じつはトライシクル（ポポフ）からの警告が事前にＭＩ５に伝えられていたことを物語っている。「われわれの手元にある」と記されているように、ＭＩ５は真珠湾攻撃の前にそれを入手し、分析していた。にもかかわらず、ポポフの予告どおりに日本軍の奇襲を許してしまったことへの悔恨の念を表しているように思えるのだ。

ポポフは真珠湾攻撃の四カ月前の一九四一年八月、ナチス・ドイツの情報機関、アプヴェール（国防軍情報部海外電信調査課）から渡された「質問状」によって、枢軸側が真珠湾に大きな関心をもっていることをつかみ、別の情報と重ね合わせたうえで、日本の真珠湾奇襲を予測した。そしてこれを米ＦＢＩに伝えたものの、ジョン・エドガー・フーバー長官から信用されず、握り潰されたと回想録『スパイ／カウンタースパイ』（早川書房）に書いている。

王室から叙勲を受けた「二重スパイ」

ポポフが生まれたのは、一九一二年、バルカン半島の旧ユーゴスラビアに属したセルビアの裕福な家庭だった。ドイツの大学を卒業後、弁護士となったものの第二次世界大戦が勃発。一九四〇年、大学の級友に勧誘され、ドイツのアプヴェールのスパイとなった。しかし、ナチス嫌いだったため、そのことをイギリスの外務省管轄の通称MI6（秘密情報部：Secret Intelligence Service）に秘かに打ち明けたところ、イギリス内で外国スパイや共産主義者の摘発など、カウンター・インテリジェンス（防諜）を行なう内務省管轄の情報機関、MI5の所属になった。ポポフは、ドイツのスパイのふりをしながら、裏ではより忠誠を誓ったイギリスに情報を流す「二重スパイ」になったのである。

ドイツ側のコードネームが「イヴァン」だったのに対し、MI5から当初、「スクート」の暗号名が与えられたのは、「彼の本名『ドゥシュコ（Dusko）』を使った言葉遊びであると同時に、ポポフが何の前触れもなく『パッと消える（pop off）』、つまり『とんずら（scoot）』するかもしれないことを匂わせていた」（『英国二重スパイ・システム』）からだ。

さらにその後、「トライシクル」の暗号名に変わったのは、長身でハンサムな顔立ちで、ギャンブルと女性好きのプレイボーイとして「女性二人とベッドを共にする習性」からとも、「部下を二人雇って三人で情報収集した」からともいわれている。大戦中にイギリス海軍情報部に勤務していた『007』シリーズの原作者、イアン・フレミングはじつはポポフの監視役であった。パリのカジノでボンドが活躍する第一作『カジノ・ロワイヤル』は、ポポフがポルトガルの首都リスボンのカジノで名を馳せたエピソードをモチーフに執筆したとされている。

「二重スパイ」であるポポフによる情報がMI5内で評価され、信用されたのは、イギリスに有益な情報をもたらす優秀なスパイと見なされたからだ。

大戦が勃発すると、イギリスは国内に潜入していたドイツ人のスパイの身柄を拘束し、処刑を免除する代わりに転向させて敵を欺く「二重スパイ」として活用するための組織をMI5に新設した。その名を「裏切り」を意味する「ダブル・クロス・システム」と名づけ、「リデルのBセクションの下部組織として新たにB1Aが設立され、ター・ロバートソンがそのトップに就いた」(『英国二重スパイ・システム』)。そして、その活動を監督する極秘組織として、一九四一年一月、「二十(XX:ダブルクロス)委員会」を設立。ドイツ側から寝返らせ、養成した約四〇人の「二重スパイ」を使って偽情報を送り、ドイツ軍を混乱させた。

とりわけ一九四四年六月六日、連合軍が、ドイツ占領下のノルマンディー上陸作戦を行なうに際して、ポポフは「上陸はノルマンディーではなく、パ・ド・カレーである」との偽情報を流す戦略的欺瞞作戦(フォーティテュード作戦)を成功に導いた。この欺瞞作戦には、コードネーム「ガルボ」こと元養鶏農家のスペイン人、ファン・プホル・ガルシアら、ポポフを含む五人の工作員が活躍したが、「誰よりも圧倒的に有能だったのが、工作員スクートこと、女好きのセルビア人プレイボーイ、ドゥシュコ・ポポフ」(『英国二重スパイ・システム』)であった。

このほかにもポポフは、ドイツのロケット開発と攻撃情報をイギリスに伝えた、ドイツ側の極秘連絡手段であった「マイクロドット(超高細密のマイクロフィルム)」の存在を英米両国にいち早く知らせた——などの功績があった。このため大戦終了時にイギリス国籍を得て、名門ホテルのリッツでイギリス王室から勲章を受けている。

ドイツ人たちが真珠湾に特別の関心

前掲の回想録『スパイ/カウンタースパイ』によると、「質問状」はポポフが一九四一年七月、リスボンでドイツのアプヴェールのリスボン支部長、フォン・カルストホーフから「米国でスパイ網を組織せよ」との指令を受け、渡された調査リストだった。このなかに真珠湾の米軍施設や米艦隊などが含まれていたのだ。

大戦中、中立を守り通したポルトガルの首都リスボンは、連合国、枢軸国両陣営のスパイが入り乱れ、諜報戦のメッカだった。ポポフは、ビジネスにかこつけて頻繁にポルトガルを訪問し、アプヴェールのカルストホーフの指示を受けていた。

ユーゴスラビア情報省代表の肩書で渡米するため、飛行機の空席待ちで別荘に数日間待機していた同年七月、カルストホーフからマニラ紙（マニラ麻で製造した強力紙）でできた何枚かの書類を見せられた。この書類こそ「質問状」で、後述するように、最初の一節は「海軍情報」という見出しで始まり、アメリカとカナダが海外へ派遣する部隊に関する質問だった。そして二番目の見出しが「ハワイ」で、真珠湾のあるオアフ島の弾薬庫と機雷貯蔵庫をはじめ米軍施設や米艦隊など、真珠湾に関する詳細な質問項目が記されていた。

「質問状」は書類のほか、ドイツが機密情報を運ぶために超高細密の印刷技術を使って開発した極秘の連絡手段「マイクロドット」としても手渡された。高倍率の拡大鏡で見ると、微細な文字が判明する仕組みで革命的なスパイ技術だった。

ポポフはアプヴェールの同僚であるジョニー・イェプセンから、一九四〇年十一月にイギリス海軍が航空機でイタリア南部の軍港タラントを空襲した際の攻撃手法に日本が関心をもち、日本の依頼でタラントを現地調査したことを聞いていた。また、ドイツの日本専門家で東京駐在の空軍武官だったグロノー男爵がタラントを訪れ、日本は石油備蓄量の関係から、一九四一年末までにはアメリカと戦争状態になる、と予想したこともイェプセンから耳にしていた。

ポポフがカルストホーフに、「オアフ島に関することはアジアの同盟国のためのものに違いありませんね」と尋ねると、「誰でもそう思うだろうな」と答えたという。

日本がタラント空襲に倣(なら)って真珠湾を攻撃するとポポフは推測した。そこで、この情報を自らの見解を含めてリスボンのＭＩ６に伝えたのである。これがロンドンに送られたあと、アメリカにはポポフ自身が渡り、自らの見解を添えて伝えることになった。

一九四一年八月一日、アメリカはドイツや日本など侵略国と見なす国への石油輸出を全面禁止。七月二十五日には在米の日本資産を凍結していた。

派手な「二重スパイ」を嫌悪したフーバー長官

八月十日、渡米したポポフはＦＢＩのニューヨーク支部長パーシー・Ｅ・フォックスワースと面会し、「質問状」とイェプセンの情報、グロノー男爵の予測をもとに「日本が今年末までに真珠湾を奇襲する可能性がある」と告げた。ところがフォックスワースは、「その情報はあまりにも正確すぎて、すぐ信じるわけにはいかない。フーバー長官のじきじきの特別指示を仰がねばならない」と答えた。その一方で、ポポフが「マイクロドット」を渡すと、それを顕微鏡で覗（のぞ）いた彼らは驚きの声を上げたという。

しかし、フーバーFBI長官は「二重スパイ」のポポフを信用せず、来訪を拒否した。ポポフには終始、尾行がつけられ、ハワイ行きの許可も得られなかった。この間、ポポフは英国人女優とフロリダを旅行。ウォルドーフ・アストリア・ホテル（マンハッタン）から高級アパートのペントハウスに居を移し、旧知のフランス人のハリウッド女優、シモーヌ・シモンと暮らすなど豪勢な生活を送っていた。このことがフーバー長官には気に入らなかった。

FBIが「マイクロドット」を解読した九月半ば、ニューヨークを訪問したフーバー長官はポポフをニューヨーク支部に呼びつけ、「どこかから来て六週間もたたないうちに、パーク通りのペントハウスに住みつき、映画スターを追いかけまわし、重大な法律を破った。もう我慢がならん」と罵声を浴びせたという。

ポポフが「私は、いつ、どこで、どのように、誰があなたの国を攻撃するかについて、正確で重大な警告を持ってきました」と進言したが、フーバー長官は、「君ら二重スパイは皆同じだ。ドイツの仲間に売る情報が欲しいだけだろう。それで大金を稼いで、プレイボーイになる」といってポポフを信用せず、「真珠湾攻撃情報」を一顧だにしなかったとされる。

五つの質問項目中三つが真珠湾

では、ポポフが入手した「質問状」とはどのようなものだったのか。英国立公文書館にあるポポフの個人ファイル（KV2／849）のなかに、MI5の二十（XX）委員会でポポフの上司だったロバートソンが、イギリス陸軍総司令部のホッグ大佐宛てに「パールハーバー　質問状」と題して送った「質問状」のドイツ語原文とMI5が英訳した文章がある（一九四一年八月二十三日付）。ポポフの回想どおり、最初は「海軍情報」で二番目から真珠湾関連の質問項目が記されている。五つある質問項目のうち真珠湾に関するものは「ハワイ弾薬集積場、機雷貯蔵所」「飛行場」「海軍基地パールハーバー」の三つで、次のとおりである。

ハワイ弾薬集積場、機雷貯蔵所

一、海軍の弾薬集積場と機雷貯蔵所、パールハーバーのクシュア島にあり、その詳細。できればスケッチせよ。

二、ルアルレイの海軍弾薬集積場の正確な位置、鉄道の有無。

三、陸軍の主弾薬集積場はクレーター・アリアマスの岩場にあると思われるが、その位置は。

四、クレーター・パンチボールは、弾薬集積場として使われているか、もしそうでなければ、陸軍の集積場はどこか。

飛行場

一、ルケフィールド飛行場――詳細（できればスケッチを）、格納庫の状況と数、作業所、爆弾貯蔵所、燃料貯蔵所に関して、地下燃料施設はあるか。水上機基地の正確な位置。

二、海軍航空基地カネオへ（前項とほぼ同じ）。

三、陸軍ウイッカム飛行場とホイーラー飛行場（前項とほぼ同じ）。

四、ロジャー空港――戦時、陸軍か海軍によって使用されるのか、いかなる準備がされつつあるか。格納庫の数、水上機の着陸の可能性について。

五、パンアメリカン航空の空港――正確な位置（可能ならばスケッチ）、ここは、ロジャー空港と同一のところか、それともその一部か（パンアメリカン航空の無線基地はモハブウ岬にあるが）。

海軍基地パールハーバー
一、大埠頭、桟橋の施設、作業場、燃料施設の状況、第一乾ドックと新しく建設中の乾ドックの状況、それぞれの詳細とスケッチ。
二、潜水艦基地の詳細、どんな地上施設があるか。
三、機雷探知機の基地はどこか。入り口と東部および南東部の水門の浚渫作業はどのくらい進んでいるか。水深はどのくらいか。
四、投錨地の数は。
五、パールハーバーに浮きドックはあるか、浮きドックを移動する計画はあるか。

この「質問状」はたしかに真珠湾のアメリカ軍施設を詳細に調査する内容だった。もっとも、これは日本軍による明確な攻撃計画とはいえず、奇襲の意図も明記されていない。また、日本から依頼されたものであるとも書かれていない。そのため、日本の真珠湾への奇襲計画情報を入手してアメリカに伝えたというポポフの主張は、これまで信頼性に欠けるとの見方もあった。

しかし、MI5の二十（XX）委員会の委員長として、ポポフら「二重スパイ」を統括した英オックスフォード大学のジョン・C・マスターマン卿は、回顧録『二重スパイ化作戦』（河出書房新社）のなかで、こう記している。

トライシクルの受け取った（中略）この質問表は近々真珠湾が奇襲されるであろうという、厳粛な、しかしながら一顧だに与えられなかった警告を含んでいた。（中略）彼の信用は絶大であったから、そこでアメリカに渡る（もちろんドイツのために）手筈が整えられた。（中略）われわれは九月十九日にＭＩ６からその質問表のコピーを受け取り、二〇（引用者注：ＸＸ）委員会に報告して、その翻訳を関係筋に配った。アメリカのＦＢＩの手によって〝終止符〟（引用者注：マイクロドット）が写真にとられ、拡大されていたという事実を記憶する必要がある。ＦＢＩは、したがって、質問表に盛り込まれていた情報を知っていたのである。

マスターマン卿も、ポポフの「質問状」による情報を警告と評価し、それがたしかにＦＢＩに渡されていたことを認めていた。

「開戦前夜」の日本の状況を把握

渡米する前に、ポポフがポルトガルのリスボンに渡ったのは一九四一年六月だった。それ以降、イギリスは極東の仮想敵国、日本をどのように把握していたのだろうか。もう一度、「リデル日記」に戻って検証してみたい。

ナチス・ドイツがバルバロッサ作戦でソ連に侵攻する（六月二十二日）約二週間前の六月六日付の日記で、「ドイツはロシア国境に軍を集中させ、侵攻の準備を進めている。日本も、それに続く兆候がある。イギリス国内でほぼすべての日本の企業が整理し撤退を始めている」と、ドイツに同調して日本が戦線に加わることを警戒している。

六月九日付では、「（防諜組織DSO）シンガポール支部から（マレー作戦に向けて活発化している）日本の（諜報）活動を十分カバーできないとの不満が寄せられている。急遽(きゅうきょ)、オフイサーを派遣する指示を出した」と、日本がマレー半島で侵攻作戦に向けたインテリジェンス活動を積極的に進めていることをつかんでいる。

さらに日本は七月二十八日、日米関係に決定的な亀裂をもたらした南部仏印（仏領インドシナ、現在のベトナム・ラオス・カンボジア）進駐を始めるが、七月二十五日付で「日本はインドシナの占領を始める」と記し、その動きも捉えていた。翌二十六日には、「リスボンのエージェントは日本の公使から『日本が（石油を狙って）オランダ領東インド（現在のほぼインドネシアにあたる）侵攻を検討している』ことを聞き出した」と記述しており、日本が資源確保のために東南アジアで戦端を開く計画の情報を早々と入手していた。

そして八月七日付では、「日本通のピッチャ青島（チンタオ）領事の見解として、日本は（対ソ戦ではなく、日米開戦につながる）南進をする。独ソ戦勃発で、日本は大きな損失なく、取れるものは何でも取る方針だ」と、日本が対米決戦へ舵（かじ）を切ったことを見抜いている。

翌八月八日付では、「早速、合同情報委員会（ＪＩＣ）で在英の日本大使館、領事館の閉鎖を協議した」と記している。さらに九月に入ると十六日付で、「チャーチル首相から日本人とコンタクトがある人物の報告をせよとの要求があった」と、イギリスが対日戦争の準備に向けて動き出したことを書き留めている。

さらに十二月一日付では、「日本は領事館の電話線を切った。一般市民を含む日本人の抑留を協議した」「もしも日本が宣戦布告すれば、東京から各国大使館に暗号無線で知らせるだろう。ＢＢＣ（英国放送協会）が注視している」「在ロンドン日本大使館は暗号機の解体を指示した」などと、対米英開戦が間近に迫っていることを明確につかんでいた。同月六日付になると、「アメリカは日本がタイに侵攻（マレー作戦）すれば、完全にイギリスをサポートすることに同意した。日本の軍艦に護送された輸送船がタイに向かっている。侵攻は差し迫っている」と記し、二日後に控えたマレー作戦開始の動きをリアルタイムで捉えていた。

このように「リデル日記」は、イギリスが真珠湾攻撃とマレー作戦に向けた日本の対米英開戦への動きをかなり正確に捉えていたことを伝えている。

こうしたなかで、ポポフから「質問状」による真珠湾情報が寄せられたのである。秘密情報の第一報で完璧なものはない。MI5は、この「質問状」情報をさまざまな他の開戦情報と重ね合わせて分析したであろう。その過程は、原石を磨き上げて光り輝くダイヤモンドのようなインテリジェンス、つまり国家の命運を左右する重大な「警告」情報として、受け止めていたことは想像に難くない。

もともとMI5には、FBIのフーバー長官が毛嫌いしたポポフへの揺るぎない信頼があった。前述した「ダブル・クロス・システム」で、二十（XX）委員会委員長である「マスターマン（卿、引用者注）はドゥシュコ・ポポフに、非凡な才能を持つ一番打者になれる可能性を見出したと思っていた」（『英国二重スパイ・システム』）。

リデル副長官もポポフに信を置いていたフシがうかがえる。「質問状」が届いたころの四一年八月十四日付の日記に、「部内でトライシクルの扱いにねじれがある。彼が海外で入手する情報は私たちには死活的に重要だ。トライシクルと私たちの目的は同じだから彼を自由に行動させ、海外で得る情報をもっと注意深くカードとして利用すべきだ」と書き、毀誉褒貶が激しいポポフを擁護している。

「米側に重要性を強調すべきだった」

ところが、MI5はアメリカに対して胸を張って「質問状」を「警告」情報として提供した形跡はない。なぜだろうか。

英「タイムズ」紙のベン・マッキンタイアーは、『英国二重スパイ・システム』で、「実は、ポポフもイェプセンも、またMI5もFBIも、実際に攻撃が起こるまで誰一人として質問表を真珠湾攻撃の兆しだとは思わなかったというのが、真相である」と指摘する。二十（XX）委員会のマスターマン卿は『二重スパイ化作戦』で自責の念を込め、この情報の重要性を強調すべきだったと回想している。

アメリカが参戦した場合、真珠湾がまず第一の攻撃目標になるということと、この計画が一九四一年の八月の時点で、すでに実行可能に近い状態にまで煮詰まっていたことをきわめて明白に裏書きしていたと考えるのは、きわめて理にかなった推論である。明らかに、アメリカはわれわれが吟味より先に自ら質問表を仔細に検討して推論を導き出すべきであった。一方、われわれはすでに工作のこともトライシクル（引用者注：ポポフ）のことも知っていたのであるから、その重要性を声を大にして強調すべきだったのである。もう二、三年余分に経験を積んでいたら、われわれはアメリカの友人たちの機嫌を損ねてでも、質問表の意味するところを指摘していたにちがいない。（中略）真珠湾事件は一つの貴重な教訓をわれわれに与えてくれた。すなわち、エージェントが敵の厚い信用を得ることに成功した場合、彼が受け取る質問は通常考えられるよりもはるかに大きい、そしてはるかに直接的な情報価値を持つという教訓である。

ポポフの「質問状」の真珠湾情報は、スクープ情報を分析する側がいかに取り扱うべきかという問題を現代に投げかけている。

米英首脳が日本の軍事行動を予測、開戦に誘導か

実際のところ、イギリス政府は、日本軍の真珠湾攻撃を事前にどの程度、把握していたのであろうか。英国立公文書館には、英内閣府合同情報委員会（ＪＩＣ）の議事録が所蔵されている。一九四一年十一月二十八日に開催された同小委員会報告書では、「日本軍がマレーと蘭印作戦を進めるため、タイへの進駐はほぼ確実。ワシントンでの交渉決裂直後に実行されるかもしれない」と、のちにシンガポールを陥落させた日本のマレー作戦を見事に予測している。この日は、アメリカ側が事実上の最後通牒（つうちょう）となるコーデル・ハル国務長官によるいわゆる「ハル・ノート」を日本に提示した二日後のことである。

ところが、この報告書を最後として、日本軍がマレー作戦と真珠湾攻撃作戦を行なった十二月八日までに開催されたはずの小委員会の報告書は、なぜか公開されていない。英ケンブリッジ大学で東洋学部長を務めたピーター・コーニッキー名誉教授は、筆者に「一九四一年十二月に入っても小委員会は開催されていたはずだ。報告書が公開されないのは、マレー作戦のみならず、真珠湾攻撃でも、英国政府が日本軍の動きを把握していたことを公にしたくない可能性がある」と述べている。

一方、英国立公文書館には、ウィンストン・チャーチル英首相とフランクリン・ルーズベルト米大統領による膨大な往復電報が所蔵されているが、それらには英米首脳は戦争を回避するより、日本に先制攻撃させるように追い詰め、開戦へ誘導したと見られる形跡がある。

日本が戦争回避に向けてアメリカと交渉を続けていた一九四一年十一月二十五日午後一時二十分に、イギリス外務省が受信したチャーチル宛ての電報で、ルーズベルトは日本側から二十日、「南部仏印（仏領インドシナ）から兵を北部仏印に引き揚げる代わりに、アメリカ側は通商関係を資産凍結前に戻し、石油の供給を約束する」という案が提出されたと伝えている。そのうえで、アメリカ政府が「日本が南部仏印から撤兵し、北部仏印の駐留兵を七月二十六日時点の二万五〇〇〇人以下にすれば、アメリカは在米日本資産の凍結を解除する」などの提案（乙案）を作成したとも報告している。これはのちの「ハル・ノート」の原案の一つで、幻の「暫定協定案」（日本が受け入れ可能な三カ月休戦案）と呼ばれる。

ところが、ルーズベルトは追記して「これは日本人に対し適正な提案と思えるが、諾否はじつのところ国内の政治状況による。あまり希望をもてない」と悲観的な見通しを示し、「われわれ（米英）はすぐに起こるであろう本当の困難のためにあらゆる準備をしなければならない」とチャーチルに警告している。

開戦まであと十数日まで迫った段階で、日本側に妥協的な「暫定協定案」を伝えておきながら、これを日本が受け入れないとの見通しは矛盾している。これについては、ルーズベルトは、チャーチルから（日本側の乙案を拒否する）最後通牒の「ハル・ノート」を出すことへの了解を取ることが本来の目的ではなかったかとの見方もある。ウォーレン・F・キンボール米ラトガース大学教授は、ルーズベルトの真意について、編著『Churchill & Roosevelt: The Complete Correspondance』で、「ルーズベルトは戦争回避よりも戦端を開こうとしていたと解釈される。また日本との開戦危機を欧州戦線への入り口に利用していたとの議論がある」と分析する。

チャーチルに戦争回避の意思はなかった

『ハル回顧録』（中公文庫）などによると、「暫定協定案」に中国が猛反対したためにルーズベルトはこれを放棄して、十一月二十六日、日本により厳しい協定案である「ハル・ノート」を提示したとされる。中国、仏印からの撤退など、日露戦争以降に日本がアジアで築いた権益の放棄を求めたもので、日本は「眼も暗むばかり失望に撃たれた」（東郷茂徳（しげのり）『時代の一面』中公文庫）ことでアメリカとの交渉打ち切りを決め、戦争を決意することになる。

日本の軍事行動を察知していたチャーチルは、同三十日の電報でルーズベルトに対し、「日本のこれ以上の攻撃（軍事作戦）は、ただちに最も深刻な結末に至ると（英米合同で）日本に宣告すること」が残された手段であると答えている。日本との開戦が迫るなかで、対日譲歩には反対し、アメリカを巻き込もうと、英米で事実上の宣戦布告を呼び掛けたと解釈できる。

ロンドン大学経済政治学院（LSE）のアントニー・ベスト准教授は「ルーズベルトは日本がタイなどへ何らかの攻撃準備をしていることを把握していた」と述べ、「チャーチルにも戦争回避の意思はなかった。それよりもアメリカからアジア、欧州情勢でのイギリス支持の確約を得る外交目標が大きかった」と分析する。

開戦の責任について、東京裁判の判決は「アメリカの譲歩にもかかわらず、日本は戦争計画を推進し、真珠湾の奇襲を果たし、強引に戦争にもち込んだ」と、一方的に日本に非があったとしている。しかし、イギリスとアメリカ首脳の往復電報は、日本軍の軍事行動を事前に予測しておきながら、両国の指導者が「戦争ありき」で日本を追い詰めたことを浮き彫りにしている。ポポフの日本軍による真珠湾攻撃情報が活かされなかった背景には、こうした事情も関係していたのではなかろうか。

第2章

シンガポールを陥落させた南方のインテリジェンス

大英帝国史上、最大の悲劇

ウィンストン・チャーチルといえば、第二次世界大戦を不屈のジョン・ブル魂（不屈の精神をもつ典型的な英国人気質）で勝利に導き、イギリスでは「歴史上で最も偉大な人物」と尊敬される名宰相だ。そのチャーチルが生涯悔恨し続けたのが、「東洋のジブラルタル」と称され、難攻不落の要塞と謳われたシンガポールの陥落である（一九四二年二月十五日）。後述するように、イギリスは事前に日本軍の作戦を的確に予測しながら、その実力を過小評価してシンガポールを攻略され、史上最大規模の将兵が降伏（捕虜約八万人）するという「大英帝国史上、最大の悲劇であり、大惨事」（チャーチル『第二次大戦回顧録』中公文庫）を招いた。

一九四一年十二月八日未明、ハワイの真珠湾攻撃に先立つ一時間以上前に、マレー半島北端のコタバルに奇襲上陸した日本軍は、わずか五十五日間で半島南端のジョホールバル市まで到達。開戦からわずか七十日間でシンガポールを陥落させた。マレー（馬来）作戦である。さらに日本軍は、世界最強を誇った戦艦プリンス・オブ・ウェールズと巡洋戦艦レパルスを航空機で襲い、わずか四時間で撃沈（同年十二月十日）。これも英国人のプライドをいたく傷つけた。

その後、イギリスはアメリカとの共闘で盛り返し、ドイツと日本の降伏で戦勝国となったが、大英帝国が築き上げ、支配していたインドなどアジアの植民地をことごとく失った。マラッカ海峡を扼して、東南アジア支配の最大拠点であったシンガポールの陥落は、イギリスにとって植民地支配の「終わりの始まり」となったのである。

しかし、この「大惨事」が起こることをイギリスは事前に察知していたことを、英国立公文書館所蔵の英内閣府合同情報小委員会報告書は明らかにしている。

同報告書によると、米ワシントンで日米交渉が佳境に入った一九四一年十一月十八日、同小委員会が開催され、「日本は交渉が決裂すれば、英、米、オランダと戦端を開く進攻作戦を行なう判断を迫られる」と日本の軍事作戦を予測している。

また進攻先として、「aタイ、bマレー、cオランダ領東インド（蘭印。現在のほぼインドネシアに当たる）、dソ連（ロシア）沿海州」を挙げているが、「日本は対イギリス、おそらく対アメリカ開戦の予備的作戦として最初にタイに進駐する。タイ占領後、マレーさらに日本が最も不足している石油を求めてオランダ領東インドに進攻するだろう」と、イギリス領ボルネオからオランダ領東インドに進むと予測している。一方、ソ連への進攻（北進）は、「圧倒的な優位性がないため、極東ロシア軍が弱体化するまで据え置かれる」と否定した。

さらにアメリカ側が、日本への事実上の最後通牒となる「ハル・ノート」を出した二日後、同年十一月二十八日に開催された同小委員会では、「日本軍が取る可能性のある軍事行動」として「マレーと蘭印作戦を進めるため、タイ進駐はほぼ確実。ワシントンでの交渉決裂直後に実行されるかもしれない」と、タイ進駐が差し迫っていることを予測していた。

ところが、こうしたインテリジェンスをイギリスは活用できなかった。チャーチルが当時の日本を「イギリスに対抗する財力も工業力ももち合わせていない弱国で、軍事的脅威ではない」と過小評価していたからだ。英BBC放送によると、「帝国主義時代に七つの海を支配したイギリス貴族の家に生まれ、白人が最も優れているという信念を隠そうとしなかった」(リチャード・トイ英エクセター大学教授)だけに、日本に対して侮る気持ちがあったのかもしれない。

数百年にわたって栄華を極めた大英帝国――日が沈むことのないと形容された――の版図(はんと)は、シンガポール陥落によって一瞬にして崩壊させられた。その歴史的意義について、ロンドンに亡命していたフランスのシャルル・ド・ゴール将軍(のちの第十八代フランス大統領)は「白人植民地主義の長い歴史の終焉を意味する」と日記に記している。

日本による完璧な諜報活動

イギリスを完膚なきまでに打ちのめした日本のマレー作戦は、なぜ成功したのか。その原因をイギリスが探った秘密文書が英国立公文書館にある。ＭＩ５による「マレーにおける日本のインテリジェンス活動」（ＫＶ３／４２６）と題するファイルだ。

ファイルには、欧州で第二次世界大戦が勃発した一九三九年九月直後に、シンガポールに設立された防諜組織のＤＳＯ（Defence Security Office）シンガポール支部などが、一九四〇年十一月から戦後の一九五五年三月に作成した約五六種類の秘密文書が含まれている。

まず、英国立公文書館が作成したサマリー（要約）から紹介したい。

シンガポール陥落を招いた日本軍のマレー作戦における諜報活動を示す様々な証拠が含まれている。イギリス領マレー、とりわけシンガポール要塞では、（日本による）完璧な諜報活動「Perfect field for espionage」があった。シンガポール総領事（開戦直前まで務めた鶴見憲総領事）の指揮で行なわれ、それを察知したＤＳＯは緊急に（総領事事務所を）閉鎖（退却）するように警告した。しかし、警告は政治的なご都合主義で無視された。一般の将校や市民がいとも不注意に重要秘密事項を公然と話していたことが大変悔やまれる。（後述する）「KAME」はじめ多くのマレー人、日本人らによる「第五列」組織が秘かに活動していたからだ。

チャーチルが「イギリス史上最悪の降伏」と嘆いた背景に、「第五列」を含む日本軍の「完璧な諜報活動」があったと、イギリス側が分析していることに着目したい。

「第五列（Fifth Colum あるいは Quislings）」とは、狭い意味では、侵入軍に呼応する被侵攻国内の組織的活動集団をいうが、広くはスパイや（敵対）協力者を指す。つまり、敵国によって組織化され、自国内に存在する裏切り者のスパイ網のことだ。

イギリスは日本人が諜報大国・英国のお株を奪い、自国内に内部情報を暴露する内通者を潜入させていたことに驚嘆したのだった。

全員がスパイに生まれたような日本人

同ファイルの最初の文書は、一九四〇年七月にDSOシンガポール支部が同年四月までのマレー半島で活発化し始めた日本の諜報活動に関してまとめた報告書の抜粋（1a）である。

日本人を中心にオランダ人、イタリア人、チェコ人、そして臨時入国した二〇〇人のドイツ人らを含む多くの在留外国人らが（驚くべき協力体制をもって）イギリス領マレー、とりわけシンガポールで「完璧な諜報活動」を行なっている。日本には精巧な諜報組織が存在しているとは伝えられていないが、日本人は国を挙げてかなり発達したインテリジェンスを組織的に展開している。

イギリスは、一九四〇年時点で日本が国家を挙げてイギリス領マレーなどで活発なインテリジェンスを行なっていたことを「完璧な諜報活動」と評し、警告していた。東南アジアに浸透しようとする日本の諜報工作をキャッチしていたのである。

一九四一年の四月、日ソ中立条約が締結され、ソ連による北の脅威がとりあえず除去されると、日本は水面下で南進のための下調査を本格化させた。イギリスのＤＳＯシンガポール支部が同年四月に、同年三月末までのイギリス領マレーにおける防諜活動をまとめた報告書の抜粋（５ａ）では、シンガポール港内でスパイ活動を行なった民間の日本人船員を摘発したが、「全員がスパイに生まれたような日本人による諜報活動は今後も継続されるだろう」

と警戒感をさらに強めている。

民間の船員を逮捕しても、日本の諜報の実態がつかめず、危機感をもったイギリスは、一九四一年四月、在留する日本人全員を監視して抑留するなど、特別策を講じ、日本が在留邦人総出でマレー人らを味方につけて情報収集していることを確認していた。

やがて運命の十二月八日を迎え、日本軍がマレー半島上陸作戦と真珠湾攻撃を同時に始めると、東南アジア各地で在留日本人が逮捕され、インドやオーストラリアの収容所に送られた。

マレーとシンガポールの在留邦人約三〇〇〇人は開戦直後に、シンガポール東部のチャンギー刑務所に収容されたのち、インドのデリーにあるプラナキラ収容所に抑留された。その扱いは峻烈を極め、鶴見憲総領事と交代で上海から赴任した岡本季正総領事が目撃した惨状は、外務省に打電された（一九四二年九月一日）。

電報では、（捕虜）交換地のアフリカのロレンソ・マルケス（現モザンビークの首都マプート）に到着するまで船内で七二〇人中六人が死亡したことが記されている。「テント生活を為し居るも待遇は土人中にても最下等のものにして随て極度の栄養不足に陥り居り衛生設備又甚た悪く赤痢流行し蔓延」との記述を見ると、捕虜に対する待遇が人道にもとるものだったことがうかがえる。シンガポールを陥落させた日本の諜報活動が、よほど英国人には許せなかったのだろう。

お手上げ状態だったイギリス情報機関

アメリカとイギリスは、真珠湾攻撃前から日本の暗号電報のうち、外務省のパープル暗号（機械式暗号の一種）電報を傍受、解読していたといわれている。シンガポールでも、英ブレッチリー・パーク（政府暗号学校、現在の政府通信本部）のアジア支部によって、日本の鶴見総領事が東京の外務省に送る電報は逐一傍受、解読されていた。

DSOシンガポール支部が一九四一年八月五日、同年六月三十一日までのイギリス領マレーにおける防諜活動をまとめた報告書の抜粋（8a）では、鶴見総領事が機密情報を送り続けていると警告を発している。

イギリスは、お家芸のシギント（通信を傍受して情報を得る諜報活動）から日本の諜報活動をつかんでいた。開戦を約二カ月後に控えた一九四一年十月十五日付のDSOシンガポール支部の報告書の抜粋（10a）では、日本が「第五列」を利用して機密情報を入手していることを察知して、将校も市民も機密情報を公の場で語るべきではないと警告している。

考えられるのはわれわれ「内部」の重要部門に多くのエージェントをもち、内部情報を得ているか、「外部」の街頭で注意深く耳をそばだてて理知的に観察しているかだ。われわれは多くのアジア人を雇わざるをえないため、アジア人の日本人が彼らに混じって彼らを協力者にして様々な機密情報を得ている。(中略)情報機関は、綱紀粛正を促したが、残念ながら一般の将校、市民は公衆のなかで機密を悪い噂が立つほど軽率に会話しすぎた。

「公衆のなかで不注意に話しすぎている」というのは、公衆に日本のスパイが紛れ込んでいると判断していたからだ。

開戦約二週間前の同年十一月二十六日にＤＳＯシンガポール支部が作成した「最重要」の機密文書でも、「警察の立場に立つと、情報機関の関係者はなお防諜のマインドが欠落している」と警告している。

ただし、イギリスの防諜機関はシギント情報から得た日本の諜報活動への危機感を抱きながら、その組織の解明には至っていない。イギリスはアジア人のなかに確固とした情報源をつくり、ヒューミント(ヒューマン・インテリジェンス、人を介した情報収集活動)を展開した形跡が見当たらない。実態が不明のまま、日本の「第五列」活動が活発化したため、疑心暗鬼になっていたようだ。

シンガポールが陥落して約半年後の一九四二年七月、その敗因は「第五列」にあると指摘したMI6に対して、MI5は「ここ数年、日本はシンガポールで驚くべき第五列活動を行なっていた。唯一、できたことは彼ら（日本人）の入国を厳しくしてシンガポールに入れないことだった」と返答（19a）している。世界に冠たるイギリス情報機関が、日本の諜報活動に対して打つ手がなく、まるでお手上げ状態だったことを示している。

別のMI5資料によると、（日・米・英・仏の四カ国条約の締結に伴い）日英同盟が破棄される直前の一九二〇年に、日本はイギリスからマレー半島西岸部にあるペナン軍港の使用を認められ、日本軍はシンガポールのイギリス艦隊の動静を観察できるようになったという。さらに日本の民間人がペナンからシンガポールにかけての土地を購入し、日本のインテリジェンスを担当する軍人がビジネスを装って商社マンや理髪師などに偽装してシンガポールに潜入し、情報を得ていたと指摘している。

イギリスは総工費五〇〇〇万ポンド（現在の約二五億ポンド、約三八〇〇億円）をかけてシンガポール軍港の改修工事を行なったが、この図面も日本は事前に入手していたことを戦後にイギリス側は把握した。

「F機関」による工作

マレー作戦でイギリスを驚愕させたインテリジェンスを、日本はどのように行なっていたのか。日本側の資料である防衛省防衛研究所戦史研究センター史料室所蔵の中野校友会編『陸軍中野学校』によると、陸軍は戦前、東南アジアで唯一の独立国だったタイの首都バンコクを拠点に、一九三五年から駐在武官を派遣し、インドシナ駐在武官、台湾方面軍とともに南方情報の収集を行なっていた。

その中心が、公使館付武官の田村浩大佐（当時）だった。ハワイ生まれの日系二世、田村武官は、少佐時代に七年間も写真屋になりすましてフィリピンのマニラに住み、諜報活動を行なった経験を活かし、対米英開戦に向け、イギリス領マレーの地理やイギリス軍、タイ軍の配備などを調べ上げた。さらに、マレー作戦のために南部タイの通過路や上陸地点であるコタバルなどを入念に調査した。

また田村武官は、早くからインド独立運動の地下組織と連絡を取り続け、南進した場合、「彼ら」を支援することでイギリス軍の背後を攪乱することが可能と結論づけた。「彼ら」とは、イギリスのインテリジェンス組織、DSOが指摘したまさに「第五列」である。

田村武官は参謀本部の承認を得て、一九四一年九月、参謀本部第二部第八課（謀略課）の藤原岩市少佐（当時）ほか陸軍中野学校（諜報活動の教育）卒業生らを招き、バンコクに「F機関」を発足させた。「F機関」とは藤原機関長の「F」に、フリーダム（自由）、フレンドシップ（友情）の頭文字からその名をつけられた諜報機関であった。

「F機関」は、タイにあった反英の秘密結社、インド独立連盟（IIL）と協力し、ドイツのベルリンに滞在していたインド独立運動の巨魁、スバス・チャンドラ・ボースとの連絡を斡旋するなど、植民地支配からの解放を共通の目的にして彼らを味方につけた。イギリス軍守備隊の七割を占めるインド兵を戦わずして投降させ、反英のインド国民軍（INA）を誕生させたのである。

「F機関」による工作は、やがて燎原の火の如くインドやビルマ、マレーなどでの完全独立へ向けた動きとして広がった。日本は大戦に敗れはしたが、欧州白人によるアジアの植民地支配に終止符を打つという「世界史的成功」を収めたといえる。

南方で活動した中国人エージェント

前述のように、開戦前、イギリスは日本の諜報活動を警戒していたが、その活動の実態はつかめていなかった。日本の外交電報は解読していたものの、陸軍の電報は解読できなかった（大戦の後半に解読する）。またイギリスの植民地と異なり、独立国のタイではカウンター・インテリジェンス（防諜）は容易でなかった。イギリスは鶴見総領事を日本の「諜報活動の司令塔」と判断していたわけだが、裏を返せば、正体を隠し通した日本陸軍の諜報活動がより巧妙だったことになる。諜報活動において鶴見総領事らが「公然」だったとすれば、水面下で隠密行動を取った田村武官、藤原少佐ら陸軍の情報士官（インテリジェンスオフィサー）たちは「非公然」の中心的存在だった。

一九四一年十月付の作成者不明の秘密文書（7a）では、「日本軍が諜報で中国人エージェントを使っている」として、南京（ナンキン）で中国人エージェントを引き抜き、タイやビルマ、マレーなどの南方で活動させていることが記されている。

同ファイルには、インドの収容所に抑留された在留日本人捕虜三三四人の個人リストがあるが（25）、このなかに「第五列」活動に関与した中国人が含まれており、そのほとんどが台湾人か福建省出身の客家（ハッカ）人だった。中国人スパイを南京でリクルートしたのは台湾人である可能性が高い。

杉田一次（いちじ）『情報なき戦争指導』（原書房）によると、参謀本部は第一部（作戦）員、谷川一男中佐、国武輝人大尉（いずれも当時）らをマレー半島に送り、一九四一年一月から二カ月間かけて半島を調査させていた。

また、防衛省防衛研究所戦史研究センター史料室所蔵の参謀本部「昭和十六年 英領馬来情報記録」によると、マレー半島からシンガポールに至る詳細な地誌や軍事情報が報告され、守備隊や戦車、砲台の数、トーチカの位置などが書かれているほか、シンガポール市内の守備隊配置図なども記されている。スマトラ島南部のパレンバン、インドネシアの首都ジャカルタがあるジャワ島にも陸軍中野学校の卒業生を新聞記者や商社員に偽装させて派遣し、調査させていた。これらの調査活動が、一九四二年二月の「空の神兵」空挺（くうてい）作戦（落下傘部隊）によるパレンバン製油所制圧を成功に導いた。イギリスの監視をかいくぐる事前調査がマレー作戦に活用されたことはいうまでもない。

インド国民軍の創設

前述したように、一九四一年十二月八日、日本軍はマレー半島北端のコタバルに奇襲上陸すると、五十五日間で半島南端のジョホールバル市に到達した。敗走するイギリス側は、日本軍の対インド工作にようやく気づき始めた。先に引用した作成者不明のファイルには、「デイリー・ミラー」紙（一九四二年一月二十六日付）の「日本軍はインド人の裏切り者（第五列）を従えて進撃している」という見出しの記事の写しがある。

日本軍はイギリス領マレーで裏切り者のインド人の指導者たちを従えて進撃している。同時に、「新アジア秩序」を提唱して地域の完全独立を約束している。インド人の裏切り者は、インド人を無能にした（植民地）支配からの解放を試みる日本軍の一部となり、日本がアジア諸国と構築すると提唱するグループ（大東亜共栄圏）に協力すると約束している。

インドをイギリスの支配から解放するという約束のもとに、マレー英印軍のインド兵の戦意を失わせ、投降と背反を促し、マレー在住の九〇万人のインド人から反英対日協力を得る

――これこそが「F機関」の目的だった。「デイリー・ミラー」紙の記事にある「裏切り者のインド人の指導者たち」とは、藤原らと共闘したインド独立連盟の幹部のことだ。

一九四二年二月十五日、シンガポールが陥落すると、彼らが中心になってインド国民軍（INA）が創設された。藤原らは捕虜となった英印軍のインド人将兵から志願者を募って、INAを編制した。一九四三年七月、新しい指導者としてスバス・チャンドラ・ボースを亡命先のドイツから日本滞在を経て、シンガポールに迎えると、インド国民軍に参加する将兵の数は五万人に増加した。

同年十一月、東京で開かれた大東亜会議において、ボースは「日本は有色民族の希望の光」と演説し、インド国民軍は「白人支配からアジアを解放するための組織」とされた。

マレー人の反英民族主義運動組織

「F機関」は、マレー各地に投降を呼びかける宣伝ビラを撒いた。その結果、ビラを握りしめて投降してくるインド兵があとを絶たなかった。反英のマレー人組織やインド系住民のネットワークが「第五列」として、日本軍の進撃を支えていた。

こうした「F機関」の活動の一端をイギリスが明確に察知するのは、シンガポール陥落目前のことだった。それを示すDSOシンガポール支部の報告書（一九四二年一月二十日付）の抜粋（13a）に瞠目（どうもく）すべき記述がある。同報告書のサマリーにすでにその名が挙がっていたが、「第五列」組織として、「KAME」というマレー人の反英民族組織について書かれている。

日本の「第五列」活動の証拠として、日本人はシンガポール島内のイギリス空軍の動きを正確に把握している。とりわけ空軍機の行動を的確につかみ、ラジオ無線で報告していることが警察の捜査で判明。（中略）シンガポール警察と合同で日本人とマレー人による「第五列」組織名を初めて解明した。組織名は「KAME」で構成員はシンガポールに本部をもつ反英の民族主義全国組織「マレー青年同盟」（KMM）。会長のイブラヒム・ヤコブは、機関紙発行に当たって日本のシンガポール総領事から財政支援を受けている。

イギリス側が存在を突き止めた「第五列」の組織名、「KAME」こそ「F機関」が仕掛けたマレー工作の一つであった。

藤原が作戦成功後、一九四二年三月十五日付で参謀本部に提出した「F機関の馬来工作に関する報告」には、工作目的として、①インド兵、インド人工作、②マレー人の反英民族主義運動組織KMMを支援して協力を促す「亀工作」、③マレー人の反英対日協力を醸成するため、マレー人匪賊の頭目ハリマオ（谷豊）を活用する「ハリマオ工作」、④シンガポールの親英華僑を切り崩す「華僑工作」、⑤北スマトラのアチェ族の反蘭闘争を促進する「スマトラ工作」などが記されている。

このうち、同報告書に記された「KAME」とは、②の「亀工作」による「亀機関」のことであり、マレー人の反英、対日協力を醸成する目的で展開された。前掲の『陸軍中野学校』によると、KMMは、マレーの貧困なインテリ層から構成した反英民族主義の全国組織であり、シンガポールの本部で『ワルタ・マラユ』というマレー語の機関紙を発行していた。マレー作戦以前からシンガポールの鶴見総領事が接触し、同総領事館の書記生として潜入していた鹿児島少佐や同盟通信社の飼手記者が援助を続けていた。

「亀機関」は、「ハリマオ工作」と密接に連携して多くのマレー兵を投降させ、破壊活動を成功させた。藤原は報告書に、次のように書いている。

上陸作戦（一九四一年十二月八日から十六日）では、ケランタン州で多数のマレー義勇兵（イギリス軍）を投降させ、治安工作に積極協力させたほか、中部マレー攻略作戦（同年十二月二十六日から一九四二年一月十一日）では、イポー、ケランタンを拠点に約三〇人の工作員のうち一部が潜入に成功し、同志と連絡をつけ、同年一月上旬、デマを流したり、電線を切断したり、放火したりした。またスリムリバー、イポー付近では、マレー義勇兵をそれぞれ八〇〇人、二八〇人投降させている。南部マレー攻略作戦（同年一月十二日から三十一日）では、「ハリマオ」こと谷豊と活動し、バトキキ付近でネグリセンビラン義勇兵一五〇〇人を投降させ、白人数人を射殺。バトアナム付近で機関車に放火し、ジョホールバル付近の電線を切断。ヴァロカサ東方の小鉄橋に破壊装置を施して監視中、白人兵三人中一人を射殺（谷が実施）。シンガポール攻略戦（同年二月二日から十五日）では、マレー連隊と接触し、その一部を逃避させた。

シンガポール陥落直前の一九四二年初めになって、「KAME」の存在を突き止めたDSOシンガポール支部は、陥落から約半年経った同年七月の報告書に、「KAME」とともに「FUZIWARA」と藤原の名前を初めて記している。おぼろげながら「F機関」の活動の一端を知ったわけだが、組織の実態や「インド工作」「ハリマオ工作」についての全容はつかめていなかった。

さらにイギリス側は「KAME」の解明を進めていき、DSOシンガポール支部による同

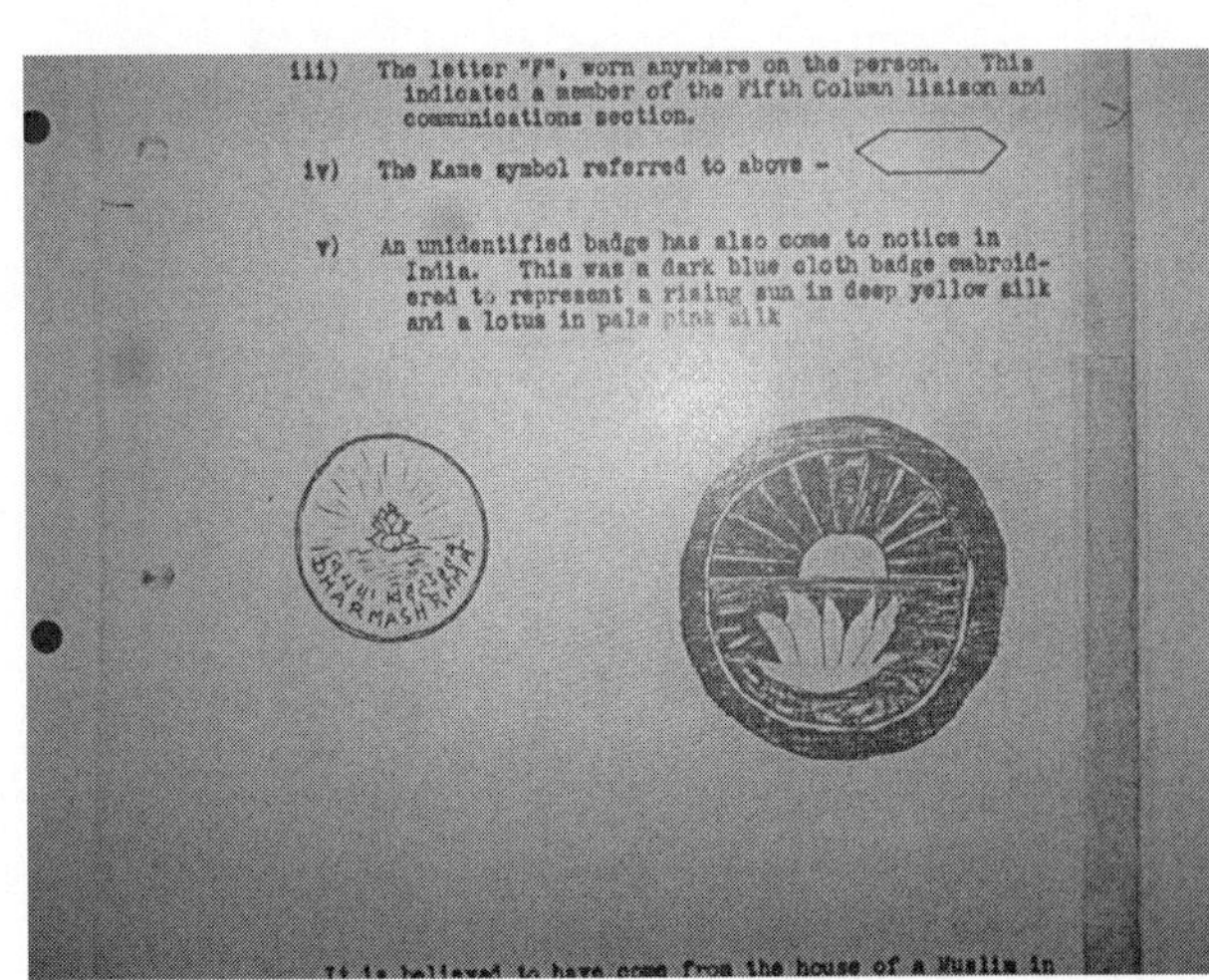
iii) The letter "F", worn anywhere on the person. This indicated a member of the Fifth Column liaison and communications section.

iv) The Kame symbol referred to above -

v) An unidentified badge has also come to notice in India. This was a dark blue cloth badge embroidered to represent a rising sun in deep yellow silk and a lotus in pale pink silk

It is believed to have come from the house of a Muslim in

「KAME」のシンボルマークが載った報告書（英国立公文書館所蔵）

月三十日付の最終報告書（20ａ）では、「KAME」を日本の「第五列」組織の典型と書き、採取した証拠から、活動の際に用いる「KAME」のメンバーであることを証明する身元確認バッジを割り出している。左胸の赤十字章のどこかに〝F〟文字、六角形の菱形の亀のシンボル、インドではダークブルーの衣服に円形のバッジで、黄色い絹で昇朝日、ピンクの絹でハスが咲く刺繡などで、ここでも〝F〟の文字が出てくる。

　シンガポール陥落直前になって、イギリスは「F機関」の尻尾をつかみ、解明を進めていったわけだが、時すでに遅しであった。チャーチルがいう「大惨事」はこうして起きた。これまで示してきた英国立公文書館所蔵の秘密文書は、藤原らが指揮する日本の「第五列」活動に諜報大国のイギリスがしてやられたことを物語っている。

「マレーの虎」による破壊工作

「KAME」の存在を突き止めたイギリスであったが、マレー半島で華僑を襲う盗賊団の頭目、「マレーの虎」（ハリマオはマレー語で虎を意味する）こと谷豊を協力者として、英軍に破壊工作を行なう「ハリマオ工作」については解明できなかった。DSOシンガポール支部による報告書には、谷率いるマレーの盗賊団に関する記述はいっさい出てこない。

福岡生まれでマレー育ちの日本人、谷豊は、マレー北部からタイ南部にかけて跳梁した盗賊団を率い、部下の数は三〇〇〇人ともいわれた。その大胆さと知略に加え、華僑から盗んだ金は貧しい人に分け与えるという侠気で、マレー人の信望を集めた。谷とその部下はF機関の神本利男の説得で日本の諜報活動に協力し、土地勘を活かして日本軍の上陸地点の選定やイギリス軍インド人傭兵の解放工作、イギリス軍によるペラ川上流のダム破壊阻止など、数々の功績を残した。

イスラム教に帰依するなど、マレー人として生きることを望んだ谷は、大戦中にマラリアに感染したが、イギリス軍が遺棄したキニーネ剤を飲まずに逝った。享年三十一。遺体は部下たちが引き取り、イスラム式の葬礼を行なった。その活躍を大本営が報じたため、英雄視され『怪傑ハリマオ』など映画やテレビドラマがつくられ広く知られた。

谷の「ハリマオ工作」を突き止められなかったイギリスが、KMMの亀工作については特定できたのは、亀機関の人間がイギリス官憲に検挙されたからにほかならない。一九四二年一月七日ごろより数日間にわたって、六五人も逮捕され、取り調べられた。かろうじてこの組織が歴史に名を留めたのは、このためだともいえる。

シンガポール島内に最低六人のエージェント

シンガポール陥落後、イギリスは日本の諜報活動の実態を知って愕然とする。「第五列」による活動が想定を超えて、大がかりだったからだ。DSOシンガポール支部による最終報告書には、「日本はビジネスを隠れ蓑にして諜報活動を最も幅広く活発に行なっていた」と記されている。

三井、三菱など大手民間会社のみならず、日露戦争以降、南洋に新天地を求めて移住した在留日本人が総出で質の高いインテリジェンスを行なっていた。そのプレイヤーは雑貨店、理髪店、歯科医、売春婦から、日本人学校の校長、ホテル経営者まで、邦人社会全体に及んでいた。バンコク大使館などの大使館、領事館はいうまでもなく、南洋協会（南洋諸島や東南アジアの研究や開発などを目的に結成された団体）、昭和通商（日本陸軍主導で設立された軍需国策会社）も情報収集活動における拠点となった。満鉄東亜経済調査局はマレー半島両岸の鉄道情報を収集し、海軍の外局である水路部や京都帝国大学地理学教室もオシント（オープン・ソース・インテリジェンス、公開情報の分析による諜報）に協力した。

イギリスはシンガポール陥落後、冷静に完敗の原因を探求している。陥落時にDSOシンガポール支部長だったゴードン女史が、陥落から約四カ月を経た一九四二年六月二日に日本の侵攻について述べた秘密文書（16a）が英国立公文書館にある。

日本軍のマレー半島の南下はイギリスの予想以上に早かった。イギリス軍は重い兵器を所持して移動していたため、軽いライフルと弾薬と弁当だけの軽装備だった日本兵と遭遇して交戦すると、しばしば裏をかかれた。（中略）日本軍がシンガポール島に上陸する際、最低でも六人のエージェントが島内にいて手引きしたと考えられる。大規模な捜索をしたが、所在を探り出せなかった。うち二人はイギリス軍の配置を日本側に無線で送っていた。

シンガポール陥落の際に、最低六人の日本軍への協力者がいたのだ。しかも、同文書によれば、DSOはそうした情報を事前に得ており、前掲のように「緊急に（総領事事務所を）閉鎖（退却）するように警告した。しかし、警告は政治的なご都合主義で無視された」という。重大な危険情報を察知しながら、シンガポール陥落という「大惨事」をイギリスが招いたのは、五百年に及んで東洋を支配してきた慢心のゆえであろうか。

「謀略は誠なり」の精神

シンガポール陥落の一因に、イギリス人による有色人種を蔑視した白人優位主義があったことは否めないだろう。イギリス側は、前述したように日本の外務省のパープル暗号を解読していた。すなわち、シギントによって危険情報を入手していたものの、人種差別意識が邪魔をしてか有色人種のアジア人との信頼関係を結べなかった。ヒューミントを通じて日本側の諜報活動の詳しい実態をつかむことはできなかった。マレーに「アラビアのロレンス」はいなかったのだ。

他方で日本は、アジア人と信頼関係を構築してイギリスを出し抜くことに成功した。戦後、クアラルンプールでの戦犯裁判で「グローリアス・サクセス（輝かしい成功）」の原因を問われた藤原が、「現地人に対する、敵味方、民族の相違を越えた愛情と誠意を、硝煙の中で、彼らに実践感得させる以外になかった」と答えると、イギリス軍の探偵局長は「マレイ（マレー）、インド等に二十数年勤務してきた。しかし、現地人に対して貴官のような愛情を持つことがついにできなかった」と告白したと、藤原は自著『F機関』（バジリコ）で回顧している。

日露戦争において、明石元二郎（あかしもとじろう）は帝政ロシアの圧政に苦しむロシア国民を解放することを目的に諜報活動を行なった。以来、陸軍中野学校が伝えてきた「謀略は誠なり」という精神こそ、藤原が重んじた「諜報哲学」であったに違いない。

日本がアジア人を惹（ひ）きつけたのは有色人種だったからだけではない。DSOシンガポール支部の最終報告書には、「第五列」組織として、大アジア主義を唱え、インド独立運動を支援した国家主義団体の「黒龍会」の名が明記されている。日本が白人支配からのアジア解放を唱え、抑圧されていたアジア人が次々と立ち上がったことを、イギリスはシンガポール陥落後に知ることになる。

さらに同報告書には、「アジア全域で日本人の仏教僧侶が頻繁に情報収集しながら、反キリスト教の汎アジア主義を広めた」と、宗教勢力も西洋支配からの独立を訴えたことを記している。西本願寺の第二十二世門主の大谷光瑞（こうずい）が、探検隊を率いてインド、中央アジア、チベットを訪問したことはつとに有名である。大谷は、一九一七年にインドネシアのスラバヤに会社を設立し、農業開発を行なった。翌一八年には、メナド近くにコーヒー園をつくり、実績を挙げた。その門下生のなかにマレー作戦において「第五列」活動に従事した者がいた可能性が高い。

日本軍の実力を過小評価して、シンガポール陥落の不覚を取ったチャーチルは、戦後になると一転して、日本の再軍備を支持するようになる。一九五三年六月、エリザベス女王の戴冠式に昭和天皇の名代として訪英した皇太子明仁（あきひと）親王（上皇陛下、当時十九歳）を手厚く遇するなど、日本との関係改善に乗り出したのは、大戦中に日本が見せたインテリジェンス活動を評価していたからなのかもしれない。

第3章

インパール作戦、チャンドラ・ボースの知られざる足跡

絶えない「生存伝説」

およそ百年前には同盟国であった日英は、先の大戦では干戈を交えた。筆者がロンドンで三年半、暮らしてみた経験からいえるのは、英国人は大戦時の日本軍に対して「野蛮で残虐だった」とのステレオタイプのイメージをもっていたことである。映画『戦場にかける橋』でも、イギリス人捕虜の取り扱いについて描かれているが、何百年もかけて築いた大英帝国の植民地支配を黄色人種の日本人に崩壊させられた屈辱は小さいものではなかったのだろう。

そうしたなかで、前章でも言及したスバス・チャンドラ・ボースの名を挙げて、「日本軍はボースとともにアジアの独立解放のために戦った」「最後まで支援してくれた」「日本は希望の光だった」と明言する人物に、二〇一五年十二月、ロンドンで出会った。

長く英BBC放送に勤め、米CNNのインド特派員を務めたフリージャーナリストのアシス・レイ氏である（当時、六十三歳）。インド系英国人のレイ氏は、ジャーナリストの仕事の傍ら、二十五年以上にわたって、インドやイギリス、台湾などで関係者から聴取し、各地の公文書館から機密文書を入手して、終戦直後に台湾で飛行機事故死したとされるボースの

「最期」について調べてきた。レイ氏は、東京・杉並の蓮光寺に眠るボースとされる遺骨が祖国の地を踏めないことに思い悩み、真実の解明に情熱を燃やしてきたのである。

筆者はレイ氏に、日本軍でボースの通訳を務めた国塚一乗氏やインド国民軍（ＩＮＡ）の創設に尽力したＦ機関長、藤原岩市の遺族らを取材した経験から、彼らが伝える「ネタージ（指導者）」ボースの秘話を披露した。するとレイ氏は、自分がボースの又甥（弟、サラの孫息子）であることを明かしたのである。インド独立運動の英雄、ボースの親族との突然の出会いに、筆者は驚きを隠せなかった。

ボースは一八九七年、インド・オリッサ州（当時はベンガル州）の弁護士の家に生まれた。英ケンブリッジ大学留学後、マハトマ・ガンジーの反英闘争に参加。国民会議派議長を務めたが、ガンジーらと対立。一九四一年に軟禁中のコルカタ（旧カルカッタ）の自宅を脱出し、ドイツでヒトラーと会談。四三年には潜水艦を乗り継いで来日し、自由インド仮政府を樹立。敗戦後も独立闘争の継続を決意したが、一九四五年八月十八日、台北で事故死したとされる。享年四十八。

インドでは根強い人気から、ボースの飛行機事故は「偽装工作」であり、反英闘争を続けるためソ連（現ロシア）に渡った、ヒマラヤの山中で仙人になった、といった「生存伝説」

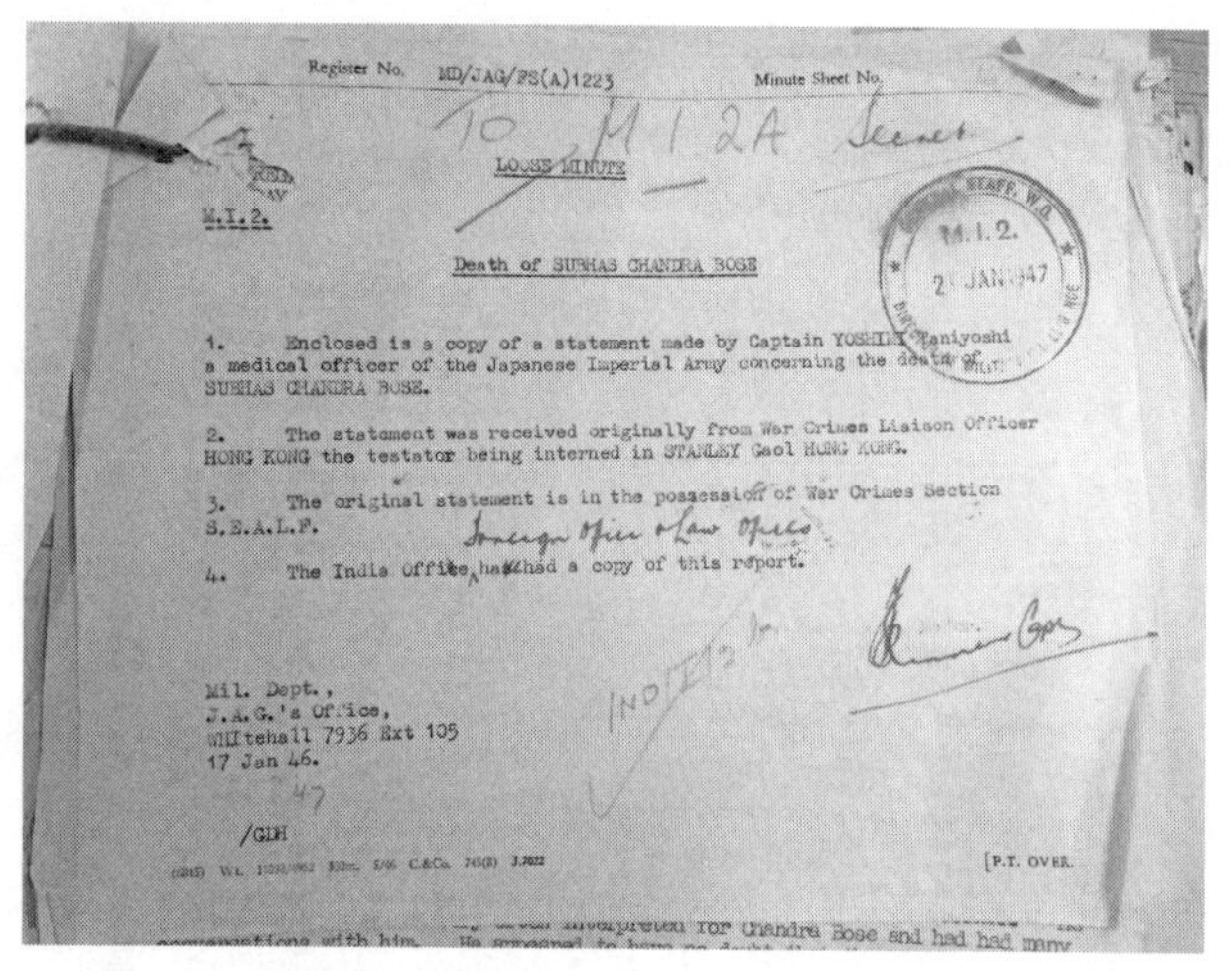

Register No. MD/JAG/FS(A)1223　　Minute Sheet No.

LOOSE MINUTE

M.I.2.

Death of SUBHAS CHANDRA BOSE

1. Enclosed is a copy of a statement made by Captain YOSHIMI Taniyoshi a medical officer of the Japanese Imperial Army concerning the death of SUBHAS CHANDRA BOSE.

2. The statement was received originally from War Crimes Liaison Officer HONG KONG the testator being interned in STANLEY Gaol HONG KONG.

3. The original statement is in the possession of War Crimes Section S.E.A.L.F.

4. The India Office has had a copy of this report.

Mil. Dept.,
J.A.G.'s Office,
Whitehall 7936 Ext 105
17 Jan 46.

/GDH

[P.T. OVER.

MI6がチャンドラ・ボースの死亡を確認した文書（英国立公文書館所蔵）

がいまも絶えない。レイ氏の疑問を受けるかたちで、インド政府は調査委員会を過去三回組織し、いったんは「飛行機事故で死亡」と結論づけた。

だが、インド政府は二〇〇五年に「ボースは事故死しておらず、蓮光寺の遺骨もボースのものではない」との報告を発表した。また、二〇一五年九月に西ベンガル州政府が開示した機密文書には、ボースの事故死に疑問を呈する文書も含まれていた。同州のバナジー州首相は「四五年八月以降も生きていたことを示唆している」と述べている。

しかしレイ氏は、英国立公文書館にはＭＩ６がボースの死亡を確認した文書が残されていることを挙げ、台湾でボースの最期に立ち会った医師らの証言記録などからも、「台北での事故死は間違いない」と断言した。また、ボースがソ連に亡命したという説もあるが、レイ氏はこれも否定する。レイ氏が入手したロシア国立公文書館公開の外交文書によれば、ソ連崩壊直後の一九九二年と九五年、在モスクワのインド大使館からの問い合わせに対して、ロシア外務省は「四五年以降、ボースがソ連に入国した情報はない」と回答していた。これによりレイ氏は、「台湾からソ連に渡って生き続けていることはありえない」と結論づけた。

インド政府も二〇一七年五月三十日、市民団体の情報公開請求に対し、ボースが「一九四五年八月十八日、飛行機事故のため台北で死亡したと結論付けた」と回答し、生存説を公式に否定している。

二度にわたりソ連への亡命を要望していた

レイ氏による調査の過程で浮かび上がったのは、ボースと日本軍との強固な絆（きずな）だった。

一九四三年十一月の大東亜会議で「日本は全世界の有色民族の希望の光」と語ったボースは、翌四四年三月から七月、六〇〇〇人のインド国民軍に「進め、デリーへ」と号令し、日本軍とともにインド北東部のインパール攻略をめざして、イギリス軍と戦った。このインパール作戦で日本軍は約一六万人もの死者を出し、「無謀な作戦」の代名詞として現代に語り継がれている。日本はインパール攻略どころか、当時占領していたビルマ（現ミャンマー）の維持も難しくなり、ボースも一九四五年五月、タイのバンコクに後退した。

当時のボースの様子を探ろうと、レイ氏は、MI6が同年八月に作成した「ボースの最後の動き」（WO208／3812）という文書を英国立公文書館で入手した。それによると、同年五月、ボースは自由インド仮政府をバンコクから中国・延安（イエンアン）に移し、中国共産党の力を借りてシベリアのソ連当局と接触することを検討していた。連合軍の攻勢の前に、すでに敗色の濃い日本が降伏すれば、米英に訴追されると恐れたためだ。

また、一九五六年にインド政府が実施した調査委員会の報告書には、対英インド独立工作を行なった特務機関「光機関」長、磯田三郎中将の証言が残されていた。それによれば、ドイツ降伏後、一九四五年五月中旬が転機となり、①インドに武力侵攻、②中国共産党の拠点である延安へ移動、③日本を通じてソ連に亡命する、の三つの案が検討されたが、ボースは③の日本を通じてソ連へ渡ることを決断し、ソ連国境に近い満洲行きを望んだことがわかった。

さらに筆者が調べてみると、ボースは、インパール作戦失敗後の一九四四年中頃にも日本軍にソ連行きを非公式に打診していたが、断られていたことがわかった。つまり、一九四五年五月のソ連行きの要請は再度のものだったことになる。

一九四五年四月、ソ連側から失効を宣言された日ソ中立条約の効力は、なお一年残っていたとはいえ、ボースのソ連への亡命に当初、日本政府は否定的だった。しかし、ボースが磯田中将に「日本との友好関係は継続する」と伝えると、ソ連への亡命を公式に認めたという。

同年四月に沖縄戦が始まり、五月にドイツが降伏し、日本の敗色が濃くなるなかで、日本政府はボースがソ連に行き、反英闘争を継続するという要望を認めたことになる。磯田中将はボースに「できるかぎり最大の手助けを行なう」と約束。ボースは東京に向かい、これまでの支援の謝意を日本政府に伝えたあと、満洲に渡る計画を立てた。

同年八月十四日、日本がポツダム宣言を受け入れ、降伏が決まっても、この方針は変わらなかった。終戦二日後の十七日、ビルマ方面軍参謀長から大連（ダーリエン）の関東軍参謀副長に転出する四出井綱正（しでいつなまさ）中将に同行させて、満洲でソ連当局に引き渡すことになった。しかし、サイゴン（現ホーチミン）から台北に向かい、宿泊後、翌十八日大連に向けて離陸直後に、事故が発生。一四人中、ボースと四出井中将ら七人が死亡したという。

レイ氏は、「終戦三カ月前に日本がボースのソ連亡命を認めたのは、戦局よりも独立闘争支援を優先させた配慮の表れで、リエゾン（連絡係）だった磯田中将の功績が大きい。日本はアンダマン、ニコバル諸島を自由インド仮政府に贈り、また四二年二月の『シンガポール陥落はインド人にとって反乱へと立ち上がり、自由を獲得するまたとない機会だ。日本は力の及ぶかぎり、あらゆる援助を惜しまない。イギリスの圧政から自由を勝ち取るため日本と協力し、大東亜共栄圏の形成に協力してほしい』という東条英機首相の議会演説からも、インドの解放のために戦ったことは間違いない。日本がイギリスの植民地支配からの解放の手助けをしてくれたことに感謝したい」と淡々と語った。

そしてレイ氏は、いまなおくすぶるボースの「生存論争」を決着させ、「日本で預かってもらっている遺骨をインドにもち帰りたい」と、遺族としての気持ちを述べた。

DNA鑑定での決着を望む遺族

「長いあいだ、父の遺骨を預かって供養を続けていただいた日本の方々に感謝したい。私もこの先、いつまでも生きられるわけではない。機は熟したように思える。元気で動けるうちに父（遺骨）に祖国の地を踏ませたい。そのためにはＤＮＡの親子鑑定をすることも厭（いと）わない」

二〇一六年三月、ドイツ南部ミュンヘン近郊の大学街、アウクスブルクでひっそりと暮らすボースの娘、アニタ・ボース・プファフ氏（当時、七十三歳）を訪ねて話を聞くと、こう語った。ボースに最も近い肉親であるだけに、「生存論争」の決着を望む気持ちは誰よりも強いようだった。

ボースがオーストリアに滞在中、秘書だった女性、エミリー・シェクルと結婚して生まれた唯一の子供であるアニタ氏は、アウクスブルク大学教授を退任し、同じ大学教授だった夫とともに、現在はシリア難民支援などのボランティア活動を行なっている。

インドでは、英雄のボースが旧ソ連やヒマラヤ山中で生存しているとの説が依然として根強いことに、アニタ氏は心を痛めてきた。「父は台北で事故死したと考えるのが最も合理的だ。終戦後の混乱で散逸した資料が近年公開され、レイ氏らの努力で真実が明らかになったと確信している」と語る。

それでもボースの「生存説」が根強いのは、インドに残る親族のあいだにさえ、ボースの死を信じたくないという「国民感情」があるからだという。なかには政治活動やビジネスに利用する人たちもいる。「不死身のヒーローとして、父をいつまでも忘れずに敬愛していた

チャンドラ・ボースの娘、アニタ・ボース・プファフ氏（筆者撮影）

だくことは有り難いこと。しかし現実的に考えないと、結果的に父を辱めることになる」と、アニタ氏はいう。

そこで、最終的な決着方法として、科学的に判断できるＤＮＡの親子鑑定を行なえば、論争に終止符を打てるのではないかと、数年前から検討してきたという。

「私がＤＮＡ親子鑑定をして結論が出るのなら協力する。一国だけでは科学性に乏しくなるというのなら、数カ国で実施して客観性を高めたい」と、アニタ氏は述べる。そのうえで、「インドと日本、イギリスやドイツなど欧米も参加したＤＮＡ鑑定を実施すれば、最も有力な証拠になる」と期待を語った。

国民会議派内で武力による独立を主張し、非暴力主義を掲げるガンジーらと対立したボースが、独立後のインドでガンジー批判の受け皿となった側面から、インド政府が遺骨引き取りに消極的だったという指摘もある。ボースの遺骨が帰国すれば、政権に不都合になるという政治的理由から、返還が遅れてきたとの見方もあった。

だが、現在、「ボースの勇気と愛国心を忘れてはならない」と語るナレンドラ・モディ首相は、ボースの名誉回復を進める中心的人物だ。モディ首相は、隣国の中国を牽制（けんせい）する意味で、日本との関係拡大に大きな意欲をもっている。二〇〇七年、当時首相の安倍晋三氏がボースの出身地ベンガルのコルカタにある記念館を訪問したこともあり、ボースを日印関係のシンボルと考えているともいわれる。

在ベルリンのインド大使館を通じてモディ首相がアニタ氏にインド訪問を要請していることを、アニタ氏は前向きに受け止めており、次のように語った。

「モディ首相は、父の名誉回復に意欲をもっていると聞く。DNA鑑定はインドが主体となって行なってほしい。インドを訪れ、モディ首相と面談する準備を進めている。そこでDNA鑑定によって論争が決着するよう要請したい」

アニタ氏は、ボースの遺骨を保管して供養し続ける蓮光寺と日本政府に感謝の意を示したうえで、日本への希望も語った。

「百歳までは生きられない。生あるうちに父の遺骨を祖国にもち帰って埋葬したい。鑑定には日本側の協力が不可欠。インド訪問後に訪日して、蓮光寺などの関係者に面談して協力をお願いしたい。父は祖国インド独立のために、ソ連や枢軸国（日独伊など）の多くの国の指導者と接したが、日本と最もメンタリティーが近く、親近感を抱いていたと思う。ドイツよりも日本のほうがより緊密な関係だった。だから私も日本には親近感をもっている」

蓮光寺にはインドのラージェーンドラ・プラサード大統領、ジャワハルラール・ネルー首相、インディラ・ガンジー首相も訪れているという。蓮光寺の望月康史（こうし）住職は「インド政府からの要請が外交ルートを通じた公式なものであれば、日本政府と協議して鑑定や返還を前向きに検討したい」と話している。

日本軍への協力を訴えたボース

インパール作戦は、太平洋戦線で劣勢に立たされた日本陸軍が、緒戦で占領したビルマを防衛し、中国・蒋介石政権に対する連合軍の補給路（援蒋（えんしょう）ルート）を遮断する目的で行なわれた。第一五軍の指揮下にあった三個師団がインパールとその補給拠点コヒマ攻略をめざしたが、前述したように多くの死者を出し、作戦は失敗に終わった。

しかし、激戦地となったインパールとコヒマなどでは、地元の若い世代を中心に、約十年

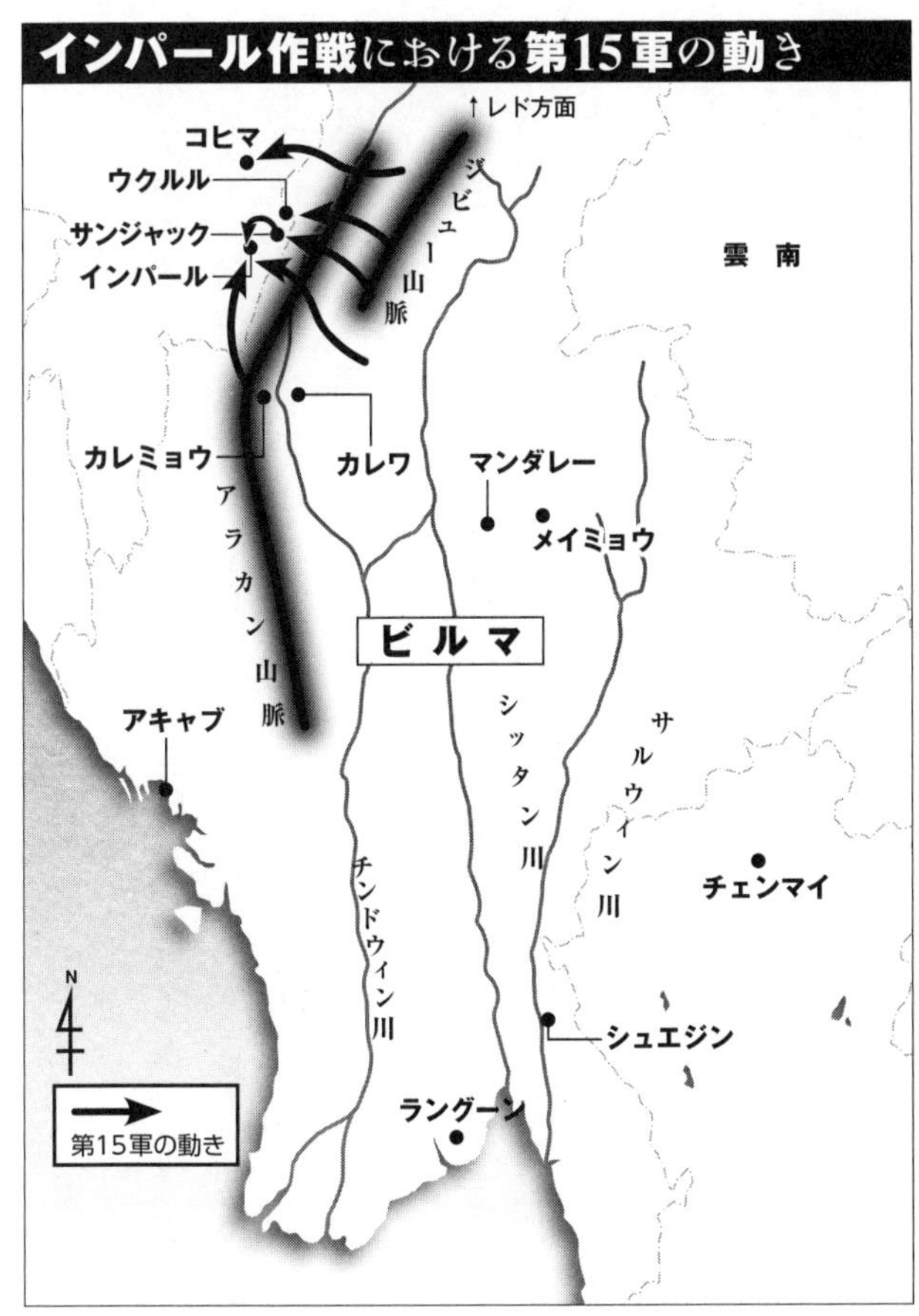

（作成：ウエル・プランニング）

前から「民族の歴史を後世に正しく伝えよう」(マニプール観光協会のハオバム・ジョイレンバ事務局長)と歴史の見直しが進んでいる。

身元不明の遺骨や遺品の発掘、戦争経験者の証言収集などが進み、インパール南西約二〇キロメートルの「レッドヒル」と呼ばれる小高い丘の麓(ふもと)に、日本財団が支援して平和資料館が完成。日英の駐インド大使らが出席して二〇一九年六月二十二日、開館式が行なわれた。これに合わせて約一週間、筆者はインパールとコヒマの周辺を訪問する機会に恵まれたのである。

今回の訪問で、あらためてわかったことがある。祖国インドを英国支配から解放するため、日本軍とともにINAを率いて戦ったボースが、コヒマ近くの最前線まで潜入し、自由を獲得するため、「同じアジア人の日本軍に協力して助けよう」と住民に直接、語りかけていたことである。ボースが滞在した村では、「インド独立が生まれた聖地」として世界文化遺産登録の動きが進んでいた。インパール作戦は無残な失敗に終わったが、日本が支援したボースの積極的な武力闘争が、植民地支配からの解放に導いたことが裏づけられた気がした。

日本人とナガ民族は兄弟だ

インド東端、ミャンマーに接するマニプール州の州都であるインパールは、イギリス統治時代から軍事上の要衝だが、米作地帯の中心でもあり、インパール川のほとりに広がる水田の美しさに目を奪われた。標高七八六メートルの高地にある大きな盆地のなかに街がある。日本軍は、海抜一〇〇メートルほどのミャンマー側から一五〇〇メートル近い山岳地を越え、インパールの盆地に入ったのだ。三〇を超える多様な民族が共存し、キリスト教徒を中心にイスラム教徒もいて、街には多様性があふれていた。

４ＷＤの車でインパールからコヒマに向けて、約五時間走った。イギリス軍が補給のために造成した道路は、現在も舗装されておらず、何度も頭を車の天井にぶつける片側通行の悪路だった。

沿道には、自動小銃をもち迷彩服を着たインド軍兵士がパトロールし、兵士常駐の検問所もあった。

ミャンマーや中国、バングラデシュと国境を接するインド北東部は、インド全体から見ると、民族も歴史も異なる。ナガランド州など計八州には、四〇〇を超す少数民族を中心に約五〇〇〇万人が住んでいる。一五の部族からなるナガ民族は、独自の文化や風習を守ってきた。しかし、イギリスがインドを植民地とした一八七七年以降、インドに統合されることになり、一八八〇年からイギリスに長く支配された。

第二次世界大戦後の一九四七年、インド独立直前に一時的に自治権を回復したが、その二年後、再びインドに併合された。一九五六年までインド政府と独立をめぐって内戦を展開し、現在も自治権をめぐり激しい反体制運動が繰り広げられている。インドの歴代政府も、治安維持を理由に外部との接触を禁じ、近年まで日本人を含む外国人の入境が厳しく規制されていた。

筆者が訪れたコヒマは、標高約一五〇〇メートル、人口一一万五〇〇〇人の高山都市だ。雲の上の山の斜面に住宅が建ち並ぶような光景に驚く。われわれ一行を出迎えてくれたナガ民族は、「日本人とナガ民族は兄弟だ」と親近感をもっていた。たしかに顔立ちや身体つきがわれわれ日本人とどこか似ている。これはナガ民族が、一般的なインド人に多い肌黒いアーリア系ではなく、アジア系のモンゴロイドだからであろう（宗教はキリスト教である）。

ボースと会った古老の話

コヒマから車でさらに約二十分。急峻（きゅうしゅん）な山の崖の上に集落があった。キグマという村である。一九四四年四月、日本軍がコヒマ攻略に際して野営し、前線基地を設けた場所だ。補給を軽視した無謀な作戦の命令により多くの将兵を失い、同年五月末、部下の命を救うべく撤退の独断を下した第三一師団長、佐藤幸徳（こうとく）中将が過ごした小屋がいまなお村には残されていた。その小屋を案内してくれた古老から、筆者は驚くべき証言を聞いた。

「村の大通りでネタージ（指導者の意で、ボースの敬称）と会った。一九四四年五月だった。滞在していた佐藤中将と面談した帰りだった。二回見た。新聞などでネタージの顔を知っていたから、間違いない」

キグマ村の長老格で、キリスト教教会の牧師長を務めるキソ・ビクッ氏（当時、九十七歳）はこのように語った。ボースはビクッ氏に近寄ってきて、「ヒンズー語は知っているか」と聞くと、周りに集まってきた村の住民を広場に集めて、ヒンズー語で講話を始めたという。

「日本軍はナガの村民たちを殺害したり、暴行したりするために進攻したのではない。インドが自由になるためにわれわれインド人と来たので、警戒しないでほしい。長く圧政を敷いたイギリス人は、肌が白くて顔はきれいだが、腹のなかはどす黒い。それに比べて、われわれと同じ有色人種の日本人は清潔で仲間だ。日本軍はイギリス軍を追い出してくれる。だから日本軍に協力して助けてほしい」

精力的なボースの訴えに住民たちは、日本軍への警戒を解いた。米や牛、豚、鶏などの食料や傷病兵のための薬草を密林から採ってきて、軍票と引き換えに日本兵に届けたという。

ボースは、このキグマ村から約一〇キロメートル離れたチャガマ村に滞在していると話したという。佐藤中将と密談するため、そこから約二時間かけて徒歩でキグマ村を訪れていた。

その佐藤中将がコヒマに進攻する直前から無念の退却をするまで寝起きしていた小屋は、三〇平方メートルほどの木造家屋であった。当時、ビクッ氏の親戚が所有していたそうだが、佐藤中将に無償で提供したという。小屋は崖の上にあり、眺望がよい。ここからであれば、コヒマ市内の戦闘の様子もよく見えたであろう。約一〇〇〇人の日本兵たちは、近くのジャングルでテントを張って野営していたという。

「コヒマ攻略のあいだ、ボースがＩＮＡの部下たちとベースキャンプとして滞在したバンガローが、コヒマから約五〇キロメートル離れたチェサズ村にある」

第31師団長、佐藤幸徳中将が寝起きしていた小屋（筆者撮影）

ビクッ氏は、当時、ボースがチャガマ村とは別に、本格的に居を構えていた拠点を教えてくれた。キグマ村からミャンマー国境方向に東方約四〇キロメートル、ナガランド州ペク地方のチェサズ村である。竹でつくられたバンガローに、ボースは滞在していたという。

ボースとの調整を担当した日本軍の特務機関「光機関」の一員として、ボースの身の回りの世話をしたという古老たち約二〇人が（ほぼ全員が九十歳を超えていた）、次々に証言し、ボースがコヒマ攻略の四月から五月まで、同地域に滞在していたことが確認された。現地のチェサズ村では、「ＩＮＡの反英運動が最も激化した当地でインド独立が産声を上げた」という歴史的な意義から、ボースが滞在したバンガローがあった場所を記念公園として、世界文化遺産への登録申請や、ボース記念軍事学校を設立する計画が検討されている。

進むボースの再評価

インパールから南に約二〇キロメートルのマニプール州モーランには、進攻したＩＮＡが一九四四年四月十四日、インド独立の象徴である三色国旗を最初に掲揚したことを記念して、ＩＮＡ戦争博物館（通称、ボース博物館）が開設され、中庭には三色国旗が掲揚されている。またボースの銅像と、ＩＮＡ創設の記念碑のレプリカも飾られている。この記念碑には、シンガポールに一九四三年十月に設置されながら、イギリス軍によって撤去されたという経緯があった。

博物館内にはＩＮＡの写真や武器、勲章などが展示され、いわばＩＮＡの聖地となっている。注目すべきは、ＩＮＡ創設に関わったＦ機関長の藤原岩市の写真と説明が展示されていることだ。

二〇一八年十月、自由インド仮政府とＩＮＡ創設の七十五周年記念に、マニプール州知事のナズマ・ヘプトゥラ氏から「日本軍とともに英印軍を相手に勇敢に戦い、祖国の自由と独立の礎を築いたネタージが率いたINAに感謝する」という祝意のメッセージが寄せられた。モーランでは、ボースとINAは救国の英雄と位置付けられている。

戦後の長いあいだ、同地ではボースに対する評価は反対に低かった。むしろ、ボースはイギリス支配への「反逆者」「テロリスト」であり、「残忍で野蛮な日本侵略の傀儡」と否定的に捉える「連合国史観」が支配的だったというのだ。しかし、戦争経験者が高齢となり、その経験を次代に語り継ぐ最後の時期を迎え、「戦勝国の一方的な見方だけでは、事実を公平に理解できない」(INA戦争博物館のジョイレンバ事務局長)という声が上がるようになった。

地元の古老たちに当時の「真実」を尋ねる運動が起こり、ボースが潜入した足跡も判明した。こうしてボースは、祖国を独立に導いた国民的英雄として再評価されるようになったという。さらに、「勇敢に戦い、規律正しい日本兵に目を覚まされ、インドは独立できた」という評価も出てくるようになった。

この背景には、モディ政権が二〇一八年十二月三十日、アンダマン諸島の一つの島を「ネタージ・スバス・チャンドラ・ボース島」と改名するなど、ボースとINAの功績を復権させようとしていることがあろう。中国と並ぶ新興国として対峙するうえで、インドにふさわしいのは、非暴力のガンジーではなく、大英帝国と戦ったボースであるとの見方がそこにはあるように思える。

日本側の資料との矛盾

日本側の資料には、インパール作戦におけるボースの行動はどう記録されているのか。

ボースから全幅の信頼を得て、光機関で通訳を務めた国塚一乗氏の回想記『インパールを越えて』(講談社)には、「昭和十九年一月七日、自由インド仮政府とインド国民軍首脳は、(ビルマの)ラングーン(現ヤンゴン)入りした。(中略)四月五日には、ボースはその政府の一部をひきいて、(ビルマの)メイミョウまで進出した」とだけ記されている。藤原岩市による『F機関』では、作戦中のINAの行動については記載されているが、ボースの行動には触れていない。

東京・市ヶ谷の防衛省防衛研究所史料閲覧室には、光機関長を務めた「磯田三郎中将回想録」と、外務省アジア局第四課が一九五六年八月に作成した「スバス・チャンドラ・ボースと日本」のなかに「太平洋戦争秘史覚え書」として「チャンドラ・ボースと光機関　中野五郎」という資料が残されている。同資料によると、ボースの戦略目的は、「インド国民軍が一度、祖国の土を踏めば、インド民衆は一斉に国民軍の旗の下に馳せ参じて、その兵力は忽ち激増して『チェロ・デリー（進めデリーへ）』」となるというものだったという。

そのため、ボースはラングーンに移動した自由インド仮政府を前線に出してもらいたいと日本軍に要望した。しかし、日本軍には自動車も燃料も不足しており、輸送力が不十分であった。そこでメイミョウの第一五軍司令部が最前線に進出する機を見計らって、ラングーンから出発することで落ち着いた。

一九四四年三月八日にインパール作戦は開始された。四月五日、磯田中将とボースはラングーンからメイミョウに行き、第一五軍の牟田口廉也司令官と連絡を取った。ところが、日本軍の進撃は滞り、日印両軍の最高司令官が揃って前線に進出するというボースの期待は裏切られた。ボース一行は不満のなか、五月中旬までメイミョウで待機したが、戦況は悪化の一途を辿る。やむなくボースは磯田中将とラングーンに一時、帰還。五月二十日には、後方部隊の士気を鼓舞するため、ラングーンに正式に戻ったと先の資料には記されている。

つまり、日本側の資料によれば、ボースはメイミョウまで進んで、自由インド仮政府の前線司令部を置いたが、そこに留まったままであり、部下が奮戦したインドのコヒマ近くにまでは出張っていなかった。要するに、祖国の地を踏めなかったとされているのだが、これは先の古老たちの証言と矛盾する。

磯田中将の回想録には、同年四月末、大本営参謀本部の秦彦三郎参謀次長に同行した作戦主任参謀、杉田一次大佐らとメイミョウの司令部でボースは会談し、インパール攻略後のインド紙幣ルピーの図柄などについて意見交換したとあるが、ボースはやはり四月末まで、メイミョウにいたことになっている。

前線のボースからの手紙

果たしてボースは、祖国インドの地を踏んだのか、踏んでいなかったのか。筆者は、二〇一九年六月のインパール平和資料館開館式のレセプションに出席した際、チャンドラ・ボースの大甥（甥の息子）であり、米ハーバード大学歴史学教授のスガタ・ボース氏にこの疑問をぶつけた。スガタ・ボース氏は「最前線に行っていたと思う」と、いとも簡単に答えた。そして筆者に、氏がまとめたチャンドラ・ボースの評伝『HIS MAJESTY'S OPPONENT』を読んでほしいと述べた。

同書には、「四四年四月七日、ボースはラングーンからメイミョウに移動し、最前線に転進する同十六日まで、そこに留まった。そして五月の第三週に最前線からメイミョウに戻り、同二十一日、ラングーンの司令部に帰還した」と書かれている。そしてボースが四月十六日に最前線に赴いた証拠として、同十六日、シンガポールでインドの宗教活動を行なう組織である「ラーマクリシャナ・ミッション」のブラマカリ・カイラサムにボースが宛てた手紙を挙げている。そのなかでボースは「前線の戦況は上手くいっている。士気も大変高い。最前線に行けば、連絡が取れるかどうかわからないので、その前に知らせる」と書いていた。

すでに触れた古老たちの証言と併せると、ボースは四月十六日以降、コヒマ周辺に潜入して、五月中旬までの一カ月弱程度、滞在していたと考えてよいだろう。

インド独立という大義

前述したように、インパール作戦は多大な犠牲を出して凄惨な失敗に終わった。そもそも作戦の計画段階で、日本軍の参謀すら否定的な声を上げたのは当然で、ビルマとインドの国境に横たわる標高二〇〇〇～三〇〇〇メートル級のアラカン山脈、ジビュー山脈の急峻な山脈に加え、チンドウィン川という大河を越えなければならないインドへの進出は、補給面で困難があることが明白だったからだ。

しかし、祖国解放をめざすボースはそうではなかった。インド学者の森本達雄著『インド独立史』(中公新書)によれば、ボースはINAをインパール作戦に参加させることをたびたび要求し、日本側を困惑させたという。このボースの熱情が、日本側に少なからぬ影響を与えたともいわれる。ビルマ方面軍司令官、河辺正三(まさかず)中将は、「チャンドラ・ボースの壮図(そうと)を見殺しにできぬ苦慮が、正純な戦略的判断を混濁させたのである」と述べている。

先に挙げた資料「チャンドラ・ボースと光機関　中野五郎」でも、インパール作戦はインド・ビルマ国境の一角に突破口をつくり、これを拠点としてインド独立運動を猛烈に推進しようと図ったボースの宿望を実現するものだった、と記されている。

INA約六〇〇〇人は日本軍とともにインパール攻略をめざして戦い、敗れはしたが、その奮戦はのちのインド独立の起爆剤になったという評価もできよう。戦後、イギリス当局がINA幹部を反逆罪で裁判にかけると、インド民衆の抗議運動が各地で起きた。補給を軽視したインパール作戦の無謀さは後世の評価どおりだとしても、異国の地で散った無数の日本人将兵の魂魄(こんぱく)を思うとき、インド独立という大義に殉じたその歴史を語り継いでいくこともまた、われわれの責務なのではあるまいか。イギリスの作家であり歴史学者、H・G・ウェルズの至言を筆者は思い返す。

「この大戦は植民地主義に終止符を打ち、白人と有色人種との平等をもたらし、世界連邦の礎石をおいた」

ボースが最前線の激戦地、インドのコヒマ近くまで出向き、インド国民に日本軍との共闘を訴えていたことを、筆者は現地の取材をとおして知った。ボースはけっして「アジアを侵略する日本の傀儡」などではなく、ボースの遺族、アシス・レイ氏が筆者に語ったように、「日本はインド独立のために戦い、強い絆があった」ことが裏づけられた気がした。

筆者が二〇一六年三月にドイツでボースの愛娘、アニタ・ボース・プファフ氏から、「DNAの親子鑑定を実現して遺骨をインドにもち帰りたい」との熱い思いを耳にして五年が経過したが、アニタ氏が来日しての遺骨返還はもちろん、DNA鑑定さえ実現していない。政治的な事情によって、日印両政府から鑑定の了解が得られないとされる。

インパールで出会った米ハーバード大学教授のスガタ・ボース氏は、「いまや遺骨返還は政治問題化している」と訴え、「ガンジー、ネルー首相の流れを汲む最大政党、国民会議派が反対し続けることが大きく、ボース一族でも、いまだにソ連での生存説や遺骨ニセ物説を唱える者もいて、返還希望は私と娘のアニタ、アシスを含めごく少数で、残念ながら当面、遺骨のインド返還は不可能だ」と嘆いている。ボースの遺族間、さらにインド国内で、いつまでも甲論乙駁せず、ボースの遺骨が一日も早く祖国の地を踏めるように意見集約をしてほしいと願うばかりだ。

第4章

日本を破滅から救った
中立国からの二つの緊急電報

中立国から打たれた外交電報

第二次世界大戦における中立国を問われれば、まず永世中立国のスイスと北欧のスウェーデン、あるいは南欧のポルトガルが挙がるだろう。そしてイギリスの隣国、英連邦内の共和国だったアイルランドやアジアのアフガニスタンも連合国、枢軸国双方と干戈を交えず、局外中立の立場で日本に宣戦布告しなかった。この両国の首都の在外公館から、大戦末期の一九四五年八月、日本の運命を決める重要な電報が東京の外務省宛てに打たれていたことを示す機密文書が、英国立公文書館にある。

ポツダム宣言の受諾は、一九四五年八月十四日の最後の御前会議において、「自分はいかになろうとも、万民の生命を助けたい」（下村海南〈下村宏〉『終戦秘史』講談社学術文庫）という昭和天皇の聖断によってなされた（この聖断は、同月九日の一度目の聖断に続く二度目のものだった）。その最終段階で、最大の焦点となったのが国体の護持であった。つまり、天皇制の存続であるが、昭和天皇はこれについて一貫して「確信」をもっていたとされる。ただ、その「根拠」についてはこれまで明らかにされていなかった。

英国立公文書館所蔵の機密文書は、在ダブリン（アイルランド）公館の別府節弥（せつや）領事と在カブール（アフガニスタン）公館の七田基玄公使から、「国体護持は可能」という情報を東郷茂徳外相に伝えた緊急電報の内容である。この電報は日本の外務省外交史料館には残ってはいないが、昭和天皇が「国体護持できる」という確信を抱いた根拠の一つとなった可能性が高い。

そもそも、なぜ英国立公文書館に戦中の日本の外交官の電報が残されているのか。大戦中、インテリジェンス大国のイギリスは、枢軸国のドイツ、日本をはじめ――「特別の関係」のアメリカを除く――フランスや中国など連合国を含む世界各国の外交官、武官の電報をブレッチリー・パークが傍受し、暗号を解読して最高機密文書「ウルトラ」に残した。ブレッチリー・パークは、ナチス・ドイツの暗号「エニグマ」を解読して対独情報戦で優位に立ったが、日本はドイツとともに、暗号の主要な傍受、解読対象だった。

日本の在外公館と外務省との外交電報は開戦前からほぼすべて解読（英訳）されて、「トップ・シークレット」と赤字で書かれた最高機密文書「ウルトラ」としてチャーチル首相に届けられた。それが同館に保存されているのである。

連合国がアメリカ、イギリス、中国の三国首脳の名でポツダム宣言を発表したのは一九四五年七月二十六日であった。日本に対しての勧告は、①日本の「軍国主義」を排除し、「民主主義的傾向」を復活・強化する体制変革、②領土を日本列島と付属の島に限定し、すべての植民地を放棄、③日本軍の無条件降伏、などであった。ただし、天皇制の存続については明言されていなかった（当初、元駐日大使のジョセフ・グルー米国務次官の意見をもとに起草された原案では、第一二条で立憲君主制下の天皇制継続が明記されたが、ディーン・アチソン国務次官補、コーデル・ハル元国務長官らの猛反対で削除された）。

国体護持が保障されていないため、鈴木貫太郎首相は「黙殺する」との談話を発表したとされる。しかし正確には、「記者団との一問一答で、首相は重要視しないといわざるを得ない」（『終戦秘史』）と答えたところ、「新聞では黙殺するという語を用いたのであった」（同）。ノーコメント程度の軽い意味の発言が、外国通信社や対外放送網を通じて「黙殺する」という強い拒絶の意味に捉えられて全世界に発信され、原爆投下やソ連の対日参戦を正当化する口実を与えてしまうことになった。

ポツダム宣言によって降伏を迫られた日本は、国体の護持を条件にソ連に和平の仲介を依頼して終戦を迎えようとしていた。しかし、ソ連は同年二月のヤルタ会談において、ドイツ降伏三カ月後に対日参戦し、南樺太と千島列島をソ連領とする密約をアメリカ、イギリスと交わしていた。当然、ソ連を介した講和はまったく進展しなかった。

ソ連からの回答を待っていた日本に対し、アメリカは八月六日に広島、九日に長崎に原爆を投下。同日、ソ連が対日参戦した。日本側は、ポツダム宣言の即刻受諾を主張した東郷外相に対し、軍部が「国体護持」のほか「日本本土の保障占領はしない」「日本軍の自主撤退」「戦争犯罪を日本側で裁く」の四条件を求めて交渉せよと主張したため、受諾の結論に至らなかった。軍部の強硬派は本土決戦を唱えて譲らず、日本は国家存亡の淵に立たされた。

八月九日深夜から開かれた御前会議で、昭和天皇は軍部の反対を押し切り、国体護持だけを求める東郷外相の提案を支持する（一度目の）聖断を下した。日本民族存続の大義のためだった。日本がポツダム宣言の受諾を決定したのは十日未明で、同日早朝、中立国のスイスとスウェーデンの公使を通じて、「天皇の統治大権に変更を加えない」との条件付き受諾を米英中ソの連合国に伝えた。

ダブリンからの重要情報

アイルランドの首都ダブリンにおいて、同国の外務次官から別府領事に対し、グルー米国務次官の意見として、連合国が国体護持を認める方針であることを聞かされ、それを別府領事がスイスのベルンを経由して外務省に打電するのは、現地時間で十日夕方から夜のことだった。同日正午ごろには、日本がポツダム宣言の〝条件付き受諾〟を決めたことがダブリンにまで伝わっていたという状況からして、急遽、アイルランド外務省に別府領事が呼び出され、連合国が国体護持を認めるという重要情報が伝えられたと見られる。

英国立公文書館所蔵の「ウルトラ」（ファイル番号・HW12／329）には次のようにある。

八月十日（八月十六日作成）（148391）

駐ダブリン日本領事から東京の日本外務省

一九四五年八月十日

本日十日、アイルランド外務次官と面談して（帰国した駐米アイルランド大使が聞いた）グルー米国務次官の見解として、グルーは皇室を強く擁護する考えで、皇室存続の日本の要求をイギリス、アメリカは受け入れるだろう、と聞いた。ただし問題は（共産主義の）ソ連がそれに譲歩（妥協）するかどうか。しかし、もしも皇室が維持されたとしても、日本はおそらくイギリス、アメリカ軍の占領を受け入れ、現在の政府も外交団も消失するだろう。（アイルランド外務）次官の考えでは、ソ連参戦で日本の運命は悲観的になった。なぜならロシアは望むすべての領土を奪うまで戦闘をやめないからだ。皇室維持についていえば、真剣に慎重な政策を取り、（主君の仇討ちをした赤穂浪士の）大石内蔵助や（明治維新後、最後の士族反乱である西南戦争を起こした）西郷隆盛の時代のように祖国を内戦に導かないことを望む。

別府領事は八月二日にもアメリカから休暇で帰国したアイルランドのブレナン駐米大使と会談し、グルー米国務次官が「三カ月以内に対日戦が終結すると予測はできないが、日本人が意図すれば、明日にも終わる」と発言したことを聞き出し、八月八日付の電報（１４８３４）で外務省に報告している。同月十日にアイルランド外務次官から聞いたグルー米国務次官の国体護持の見解は、その延長線上にあったといえる。

前述したように、同日、日本は国体護持の条件をつけてポツダム宣言を受諾、つまり降伏を表明している。これを受けてアメリカ側は、中立国のアイルランド政府とのチャンネルを通じて、「天皇制を存続できる」ことを日本側に伝えようとしたとも解釈できる。実際に現地時間十一日付の「ニューヨーク・タイムズ」紙は「日本は降伏を申し出る」と条件付きでのポツダム宣言受諾表明を伝え、「米国は天皇を残すだろう」とアメリカ政府が皇室維持の方針であることを報じている。

別府領事は、アイルランド政府を介したグルー米国務次官の見解をもとに、忠臣蔵で赤穂城を引き渡した大石内蔵助や近代日本最大の内戦となった西南戦争を起こした西郷隆盛の例を紐解いて、日本の要求どおり皇室が保持できる見通しがあるので、ポツダム宣言（降伏）を受諾し、速やかに戦争をやめることを外務本省に提言したのであろう。

東京とダブリンの時差は、アイルランドは大戦中も夏時間を採用しており、この日は八時間だった。別府領事が現地時間で十日夕から夜に打電した電報は、日本時間の十一日未明から早朝には外務本省に届いていたことになる。

国体護持をめぐり紛糾する日本

一度目の聖断があった八月九日から、二度目の聖断があった十四日、終戦の詔書が出された十五日までは、まさに激動の一週間であった。そのなかで十一日の土曜日は、日本全国で空襲警報がなく、「静かな一日」だった。鈴木首相らはポツダム宣言の〝条件付き受諾〟に対する連合国側からの回答をひたすら待っていた。東郷外相は、ダブリンからの別府電報に目を通したことだろう。

連合国からの回答は、十二日午前零時、米サンフランシスコのラジオ放送より、米国務長官ジェームズ・バーンズの書簡（バーンズ回答）として発表された。その内容は、①降伏時より、天皇および日本政府の国家統治の権限は、降伏条項実施のため、連合国軍最高司令官に従属する（subject to）、②最終的な日本国政府の形態は、ポツダム宣言に従い、日本国国民の自由に表明する意思により決定される、③連合国軍隊はポツダム宣言に掲げられた目的が達成されるまで日本国内に留まる、というものだった。

東郷外相ら外務省は、「天皇制に対する確たる保証はないが『最終的の日本国の政府の形態は（中略）日本国国民の自由に表明する意志により決定せられる（中略）』というのであるから半ば保証されたも同様だと判断した」（半藤一利『聖断』ＰＨＰ文庫）ため、受諾の方針を固めた。その背景には、「イギリス、アメリカは皇室存続の日本の要求を受け入れるだろう」とのダブリンからの別府情報があったことは想像に難くない。

八月十二日午前十一時、参内した東郷外相は連合国側からの回答を「天皇の国家統治の大権を変更する内容ではないと、確認が取れたと解釈した」と上奏すると、「天皇は、先方の回答の通りでいいと思うので、そのまま応諾するようにとの意見で、鈴木首相にもその旨伝えることを命じた」（木戸幸一『木戸幸一日記』東京大学出版会、東郷茂徳『東郷茂徳外交手記』原書房）という。

この上奏で、おそらく東郷は天皇にダブリン発の国体護持の情報を伝えたであろう。それは昭和天皇が立憲君主制の継続に確信をもった根拠の一つとなった可能性が高い。

同日午後三時から行なわれた皇族会議でも、昭和天皇は「朝香宮が、講和は賛成だが、『国体護持』ができなければ戦争を継続するのか、と質問したので、『私は勿論だと答えた』」（寺崎英成他著『昭和天皇独白録』文春文庫）という。国体護持という条件によって、参加した一三人のほぼすべての皇族から賛同を得られ、木戸は「此の集まりは非常に好結果なりし様、拝察す」（『木戸幸一日記』）と記した。

しかし、大本営は異議を唱えた。連合国の回答にある「subject to」を外務省条約局は、「従属する」ではなく「制限の下にあり」と翻訳した。軍部の反対を抑えるために、国家統治の制限は、一時的あるいは暫定的というニュアンスを表そうとしたのである。

この「subject to」をもとの「隷属する」と訳し、同日午前八時に参内した梅津美知郎参謀総長と豊田副武（とよだそえむ）軍令部総長は、「わが国体の破滅、皇国の滅亡を招来する」と連合国の回答に絶対反対であると上奏した。同日午後に開催された閣議でも、即時受諾の東郷外相案、全面反対の阿南惟幾（あなみこれちか）陸相案、国体護持確認のための再照会案が入り交じり、紛糾した。陸軍では徹底抗戦派によるクーデター計画が進められ、東郷外相が辞意を表明した。

八月十三日の夜が明けると、警戒警報のサイレンが再び首都東京に鳴り響いた。日本からの返答を待ち望んだアメリカが、しびれを切らして空襲を再開したのだ。ところが、日本の中枢では引き続き十三日も、ポツダム宣言の受諾をめぐって混乱が続いた。満洲と樺太では駆け込み参戦したソ連の南下が加速していた。

二〇一四年に公表された『昭和天皇実録』(宮内庁)では、十三日午前、阿南陸相が広島にある第二総軍司令官の畑俊六(はたしゅんろく)元帥を召致する上奏を行なったと記している。半藤一利氏の『聖断』によると、この際に国体護持に対する不安を訴えた阿南に対して、昭和天皇は「阿南よ、もうよい」「心配してくれるのは嬉しいが、もう心配しなくてもよい。私には確証がある」と語ったという。

生前、作家の半藤一利氏は筆者に対し、「天皇制保持を伝える別府ダブリン領事からの電報は、天皇が阿南に確信があると語った根拠の一つになった可能性が高い」と述べている。

日本びいきのアイルランド

ところで、なぜアイルランドの外務次官が仲介役として「国体護持できる」というアメリカのメッセージを別府領事に伝えたのだろうか。産経新聞ロンドン支局長を務めていた時期に、筆者はアイルランドを何度か訪問してその謎が解けた。大戦中、英連邦下の独立国として中立を守り通したアイルランドがひそかに日本を支援していたことがわかったからだ。

二〇一七年に筆者は、ダブリンに住んで半世紀以上の潮田淑子氏(当時、八十五歳)から興味ある証言を得た。潮田氏によると、一九四二年二月にシンガポールが陥落した日、ダブリンではアイルランド共和軍(IRA)を率いた反英闘争のリーダーだった元上院議長、トム・マリンズらが米と食料を買い集め、駐ダブリン日本領事館で別府領事を囲み、日本食で盛大な祝賀会を開いたという。「イエスかノーか」と迫る山下奉文(ともゆき)中将に降伏した英軍の司令官、アーサー・パーシバルがかつてアイルランド弾圧を指揮し、「最も凶暴な反アイルランド主義者」と忌(い)み嫌われていたからだ。

アイルランド人は一貫して、イギリスの敵、日本を応援したという。「『敵の敵は味方』で日本びいきだった」(潮田氏)。戦時下で日本からの送金も途絶えがちだったが、アイルランド政府はスイス大使公邸に極秘の屋根裏部屋を設け、日本から別府領事への送金を仲介してくれたという。別府領事が「国体護持」電報を打てたのも、こうした背景があったからだろう。

別府領事は一九三九年、三十五歳でイギリスのリバプール領事になった。翌四〇年、一九一六年の「イースター蜂起」が導火線となって、連合王国(UK)から分離したアイルランド自由国(三七年、エールと改称)の首都ダブリンに民家を借り、領事館を設立した。大戦中、苦境に直面した別府領事について、司馬遼太郎氏は『街道をゆく　愛蘭土紀行Ⅱ』(朝日文庫)で「大戦下の籠城者」と表現している。

大戦中、数少ない中立国だったアイルランドでは、米英側、枢軸国側のスパイが諜報合戦を繰り広げたが、別府領事は自身の活動について何も語らなかった。敗戦後、アメリカは領事館内の資産や文書の引き渡しを求めたが、アイルランド政府の陰からのサポートを受けながら、別府領事は機密文書を処分するなどの抵抗を続けたという。一九四八年に帰国したが、すぐに拘束され、外務省を退官した。初代ラオス大使として復帰したのは、その十年後のことだった。別府領事は外務省に「英国に占領され、ひどい目にあったから、アイルランド政府は同情的で非常に親切にしてくれた」と話したという。

カブールで最後の「日米和平交渉」

「バーンズ回答」の解釈をめぐって日本が空転した八月十三日、アフガニスタンの首都カブールでは七田基玄公使がアメリカ公使館の政務班長から呼び出されていた。七田公使は、駐カブールのアメリカ公使が国務省から「天皇制を維持する」方針を聞いたことを伝えられた。そして同日付で七田公使は、極秘公電を東郷外相に送っていた。それを解読した「ウルトラ」（HW12／329）が英国立公文書館にある。

八月十三日（八月二十六日作成）（148805）
「カブールにおける日米和平交渉」
駐カブール日本公使から東京の日本外務省
一九四五年八月十三日　緊急で極秘
本日十三日、当地のアメリカ公使館の政務班長から依頼があり、同公使館を訪問したところ、アメリカ公使が午前中、本国の国務大臣から最近の日本との和平交渉について前日（十二日）に進展があったと繰り返し聞いたことを政務班長が教えてくれた。そこで公使は早朝、国務省から電報を受け、スイスを通じた公式なコミュニケーション（バーンズ回答）があり、（決着までに）さらに三―四日必要と考えられているが、日本が希望する天皇と皇室保持に関して、連合国側は、ポツダム宣言に従って、今後設けられる連合国軍最高司令官の指示下に置かれることだけを求めるにとどめるだろう。天皇と日本政府（彼は現政権は近く代わると述べたが、私の理解で）は存続することが認められるようだ。日本人は、このことを理解すれば、間もなく決着に向かうだろう。アメリカ公使は十七日に帰国の途に就くことを決めた。予定の変更はできず、年少の代理大使ではまったく議論を進めることができないため、もし日本の公使（自分）が面会を希望するならば、明日か明後日、会う用意があると語った。そして政務班長に日程を調整するように要請した。

親切な政務班長に礼を述べ、公使との面談をアレンジしてもらうかどうか検討した。政務班長の質問に答えて、アメリカ公使は、降伏後、日本は、ただちに堕落した三〇グループが割拠したドイツのような（分断国家）にはならないだろうと述べたという。

米公使館から呼び出しを受けた七田公使が緊急電で「天皇と皇室保持に関して、連合国側は、（中略）連合国軍最高司令官の指示下に置かれることだけを求めるにとどめる」と記したことは、前日にスイス経由で日本に公式に通告した「バーンズ回答」は、国体護持を認めるものであることを、アメリカがカブールの外交ルートを通じて日本側に伝えようとしたのだと理解できる。「日本人は、このこと（天皇制が存続すること）を理解すれば、間もなく決着に向かう」というのは、連合国側が消極的ながら天皇制の存続を認めた「バーンズ回答」

を日本が早く受け入れれば、懸念する国体護持が可能であることを示したと解釈可能だ。その意味で、七田公使の緊急電は、日本がその内容の解釈をめぐって紛糾した「バーンズ回答」の真意を詳しく説明するものだった。

皇室維持を報じた米紙

七田公使が外務本省に送った公電は冒頭に「緊急で極秘」と書かれていた。いわゆる「館長符号」扱いの特殊な極秘公電だったのだろう。館長符号とは、大使（公使）もしくは総領事だけがもつ、特別に強度が高い暗号で送られる暗号文のことだ（もっとも、イギリスによって解読されていたわけだが）。カブールと日本の時差は四時間半。したがって七田公使が十三日夕方から夜にかけて緊急電で打った公電は、霞が関の外務本省に十三日夜から深夜には届いていたことになる。これは昭和天皇の聖断に影響を与えたであろう。

十四日の御前会議で昭和天皇は、「国体問題についていろいろ疑義があるとのことであるが、私はこの回答文の文意を通じて、先方は相当好意を持っているものと解釈する。先方の態度に一抹（いちまつ）の不安があるというのも一応はもっともだが、私はそう疑いたくない。要は我が国民全体の信念と覚悟の問題であると思うから、この際先方の申入れを受諾してよろしいと考える」(『終戦秘史』)と述べ、二度目の聖断を下した。終戦の詔書を自らラジオ放送することも提案した。午後十一時、ポツダム宣言受諾がアメリカに伝えられた。

すでにアメリカの新聞各紙は皇室維持を報じていた。たとえば、現地時間十日付「ニューヨーク・タイムズ」紙は、「連合国は天皇存続を決定」と伝えた。こうした新聞報道を、中立国のスイス駐在の岡本清福(きよとみ)陸軍武官とスウェーデンの岡本季正公使が引用して、日本に伝えている。軍事史学会編『機密戦争日誌』(錦正社)によると、「天皇御位置ニ関スル各国ノ反響」と題する岡本武官の報告が十二日夕刻に陸軍省に届いた。また、外務省編『終戦史録』(北洋社)第五巻などによると、十三日未明、外務省に岡本公使の「日本側条件(皇室護持)を是認」との電報が届いた。これは、ロンドンの新聞を引用してアメリカ政府が国内の反対派とソ連の執拗(しつよう)な反対を押し切って天皇の地位を保持すると決定したことを伝えたものである。これらの情報も昭和天皇が戦争終結を決断する判断材料になったことは間違いない。

アメリカからのシグナル

じつはアメリカは早い段階から、日本が固執した天皇制の存続に対して弾力的に応じる姿勢を見せていた。前述のとおり、英国立公文書館にはガイ・リデルMI5副長官の日記が公開されており、ポツダム宣言発表後の八月五日付にこう記している。

スイスで日本は、ヤコブセン国際決済銀行顧問を通じ、アレン・ダレス米戦略情報局（OSS）欧州総局長と試験的な和平交渉を開始したが、アメリカは無条件降伏に固執しながら、必ずしも皇室廃止を含んではいないとの多くのヒントを投げかけている。

実際に、アメリカはドイツ降伏後の同年五月八日から八月四日まで一四回にわたり、戦時情報局（OWI）のザカリアス大佐が「無条件降伏まで、攻撃をやめないが、無条件降伏とは日本国民の絶滅や奴隷化ではない」「主権は維持される」などと無条件降伏の条件緩和、つまり天皇制存続を認める可能性があることを短波放送で伝えている。

しかし、日本はこれを「謀略」と受け止め、米英は無条件降伏以外受け入れず、それは「国体」存亡の危機につながる、と思い込んでいた。作家の半藤一利氏は筆者に、「ソ連の膨張を恐れたアメリカは天皇制存続に反対のソ連、中国などに配慮して無条件降伏を貫きながら、条件緩和を伝える短波放送（ザカリアス放送）などで皇室保持のシグナルを発していた。ダブリンとカブール発電報は、その一環だろう。しかし、ソ連仲介の和平に固執した日本は米英の意図を読めず、終戦が遅れた。またスイスでの工作でダレスから皇室が維持できる情報が伝わっていたとも考えにくい。

そのために東郷外相も「無条件以上の媾（講）和に導き得る外国ありとせば『ソ』連なるべし」（『時代の一面』）とソ連頼みの和平工作にのめり込んだのかもしれない。

ただアメリカは降伏後の占領も見据えて、早くから天皇制存続を積極的に検討していた。元共同通信ワシントン支局長、仲晃氏の『黙殺（下）』（ＮＨＫブックス）によると、グルー米国務次官がポツダム宣言のそもそもの起草者であり、ドイツ降伏後から天皇制の存続を日本に約束することで太平洋戦争を早期に終結するよう、トルーマン大統領に繰り返し進言したという。ジェームズ・フォレスタル海軍長官、ヘンリー・スティムソン陸軍長官も、日本を降伏させるには天皇の地位の保障をすべきだと何回も説いた。スティムソンが作成した降伏勧告案（ポツダム宣言）には、第一二条で「現在の皇室のもとにおける立憲君主制を排除するものではない」との条項があったのだ。

ところがトルーマン大統領は、強硬姿勢を崩さないバーンズ国務長官の助言に従って、天皇の地位の存続をポツダム宣言では明確に保障しなかった。なぜだろうか。鳥居民（たみ）氏は『近衛文麿「黙」して死す』（草思社文庫）で、「トルーマンとバーンズの二人が早々に決めてしまった重大な決定、死ぬまで隠しおおそうとした秘密は、原子爆弾の世界『公開』は日本の都市でおこなう、その『公開』が終わるまで、絶対に日本を降伏させてはならないということだった」と書き、原爆投下まで日本に降伏させないため、ポツダム宣言から天皇条項を削除したと解釈している。

日本政府がポツダム宣言受諾の条件として、天皇大権の保障（天皇制存続）を求めてくると、グルーとスティムソンは日本軍を速やかに降伏させるには、天皇の権威を利用するのが最善との理由から昭和天皇を退位させず、連合国軍最高司令官の管理下に置くことを提案した。この背景には、中国共産党軍の存在があった。万一、中国大陸で日本軍と共産党軍が手を握れば、蔣介石の国民政府軍と内戦になる懸念が生じたからだ。しかし、対日強硬派のバーンズ国務長官の意向によって、最終的に「天皇が現在の地位にとどまることにするが、どんな権限をもつのかの明確な保障は書き込まない」という回答に落ち着く。それでも、婉曲（えんきょく）表現ながら、天皇制の存続を認めたことには変わりはなかった。

バーンズ国務長官が起草したため、「バーンズ回答」と呼ばれた回答は、「保守派の実力者バーンズ長官の対日強硬論を現実主義路線をとる他の閣僚が懸命に抑制してようやくこぎ漕ぎつけた妥協案であった」（『黙殺（下）』）。その本質は、スティムソン原案にあった第一二条（立憲君主制下の天皇制の継続）の復活にあった。

ソ連が〝駆け込み参戦〟してからは、アジアでのソ連の影響力が増大することを恐れたアメリカ政府は早期終戦へ一気に傾いた。ダブリンとカブールからの緊急電報は、こうしたアメリカの本音を日本に伝えるものだった。あらゆるチャンネルを通じ、アメリカが「皇室（天皇制）存続を認める」シグナルを日本に送ろうとしたのだ。これをおそらく東郷外相から聞いた昭和天皇は、国体護持について「確信」を深めたに違いない。ポツダム宣言と「バーンズ回答」では国体護持の保障が不十分であるという理由で降伏に反対する阿南陸相を説き伏せ、終戦の聖断を下したのであろう。

そもそも聖断は、憲法に定められた立憲君主の立場を超えたものだった。しかし天皇が終戦を決断しなければ、本土決戦となり、破滅的な事態を迎えていたのは間違いない。戦後、復興を遂げ、今日の日本があるのは、終戦に導いた昭和天皇の聖断によるものだが、二つの中立国から日本の外務省にもたらされた国体護持をめぐる重要情報が、最終局面で政策決定に影響を与えたことになる。そう考えれば、二つの緊急電報は日本を破却から救った重要なインテリジェンスだったといってよいだろう。

第5章

「ヤルタ密約」をつかんだ日本人情報士官の戦い

他国の情報将校から「諜報の神様」と慕われる

先の大戦が終結してから、七十五年余りになるが、戦争の「負の遺産」の最たる例が北方領土問題であろう。一九四五年八月九日、ソ連は当時有効だった日ソ中立条約を侵犯して、満洲、南樺太に侵攻。日本が十四日、ポツダム宣言の受諾を決め、十五日に終戦の詔書が出されたあとも、日本固有の領土である千島列島に侵攻。北方四島は現在まで不法占拠の状態が続いている。

当時の日本にとって、ソ連の裏切りによる対日参戦は日本の敗戦を決定づけたが、それは連合国首脳のあいだですでに取り決められていたことだった。同年二月四日から、クリミア半島の保養地、ヤルタでアメリカのルーズベルト大統領、イギリスのチャーチル首相、ソ連のスターリン首相の三巨頭が一堂に会した。東西冷戦構造の始まりともなったヤルタ会談である。このとき、「ソ連はドイツ降伏より三カ月後に、対日参戦する」といういわゆるヤルタ密約が交わされていた。対日参戦の見返りとして、日本領南樺太の返還と千島列島の引き渡しなど、広範囲な極東の権益をソ連に与えることも確約された。

この密約文書はアメリカではホワイトハウスの金庫に封印され、ヤルタ会談後の同年四月

ヤルタのリヴァディア宮殿にて。左から、チャーチル英首相、ルーズベルト米大統領、ソ連のスターリン首相（英国立公文書館所蔵）

十二日に急逝するルーズベルトに代わって大統領に就任したトルーマン副大統領ですら、ポツダム会議に出発する直前の七月まで知らされていなかった。この連合国のいわばトップシークレットであった「ヤルタ密約」を、会談直後に密かにつかんだ日本人がいた。スウェーデン公使館付武官、小野寺信（まこと）少将である。小野寺は独自の情報網でヤルタ密約情報をキャッチし、機密電報で日本の参謀本部に打電した。

仙台陸軍幼年学校の会報「山紫に水清き」（二八号、一九八六年五月）に小野寺はこう書いている。

「わたしは当時ストックホルム陸軍武官

として、特別にロンドンを経た情報網によって、このヤルタ会談の中の米ソ密約の情報を獲得し、即刻東京へ報告した」

このとき、小野寺が入手した情報は、いわゆるヤルタ密約のうち、「ソ連はドイツ降伏より三カ月後に、対日参戦する」という根幹部分である。参戦の条件としてソ連に与えることを約束した南樺太返還や千島列島引き渡しなどの極東の利権は含まれていない。繰り返すが、敗色が一段と濃くなった日本にとって、ソ連の参戦は敗北を決定づける重みがあった。それはまぎれもなく、国家の運命を決める世紀のスクープであった。

ところが、残念なことに、この「小野寺電」は大戦末期の日本の政策に活かされることはなかった。参謀本部内でソ連に傾斜する「奥の院」に情報そのものを握り潰されてしまったからである。次章で説明するように、当時の日本には共産主義国家のソ連に幻想を抱き、終戦の仲介を期待した勢力が、少なからずいた。

それにしても、小野寺はどのようにして密約の存在を知ることができたのか。

情報活動というと、「人を騙して情報を掠（かす）め取る」といったイメージがあるかもしれない。しかし、実際はその逆である。「情報活動で最も重要な要素の一つは、誠実な人間関係で結ばれた仲間と助力者」であると、戦後に小野寺は語っているが（「小野寺信回想録」防衛省防衛研究所戦史研究センター史料室所蔵）、バルト三国（エストニア・ラトビア・リトアニア）など他国の情報士官らと家族ぐるみで固い信頼関係を結び、彼らから最重要機密情報を得ていた。一九四四年に小野寺を訪ねた海軍の扇一登（おうぎかずと）大佐は、「小野寺さんは他国の情報将校から諜報の神様と慕われていた」と戦後、回想している。

小野寺がポーランドをはじめ、全欧に築いた情報ネットワークには法王庁（バチカン）も関与し、一端には「命のビザ」を出して六〇〇〇人のユダヤ人を救った外交官、杉原千畝（ちうね）もいた。ドイツ保安警察（SiPo）が一九四一年七月に作成した報告書では、「日本の『東』部門―対ソ諜報の長はストックホルムの小野寺で、補助役がケーニヒスベルク（現ロシア・カリーニングラード）領事の杉原千畝」と分析されている。

筆者は、小野寺が戦後、家族に自らの活動の一端を語っている様子を録音したテープを聞かせてもらったが、本当に穏やかな口調で、謙虚で物静かな印象を受けた。昭和の軍人といえば、とかく威張りふんぞり返った人物を連想しがちだが、小野寺はそれとは対極の人物だったようである。

ロシア語のスペシャリストとして

小野寺の経歴について、詳しく触れておきたい。小野寺が岩手県に生まれたのは、一八九七年のこと。当時は日露戦争（一九〇四〜〇五年）の影響もあり、多くの子供が軍人に憧れた時代である。小野寺もその一人で、陸軍幼年学校から陸軍士官学校へ進む。

「ドイツ語は幼年学校でも士官学校でも優等生であったので、ゆくゆくは陸大を卒業してからドイツへ行って勉強したいと心に期していたし、また自信もあった」（『小野寺信回想録』）が、ロシア語にも取り組むようになる。

転機となったのは、一九一八〜一九二二年のシベリア出兵であった。一九二一年、小野寺は一年ほどのソ連極東ハバロフスク地方のニコラエフスク滞在中に、現地のロシア人タイピストからロシア語を学んだ。語学の才もあったのだろう。わずか一年で新聞が読め、ロシア語の文章を書けるまでに上達した。一九二五年に陸軍大学校に進む際は、ドイツ語で受験して合格したが、入学後はロシア語を第一専攻とした。

陸大卒業後は、陸大教官に採用され、一九三三年五月、北満のハルビンに「短期留学」した。現在は中国東北部黒竜江省の省都であるハルビンは、帝政ロシアがつくった街であり、ロシア革命後、ソ連政権を好まないロシア人、いわゆる白系ロシア人が多く住んでいた。小野寺はこうした白系ロシア人の家に下宿して、ロシア語を磨き上げた。

やがて陸軍随一のロシア語の使い手となると、参謀本部作戦課長を務めた小畑敏四郎(おばたとしろう)に目をかけられ、対ロシア情報活動の道を進む。一九一七年のロシア革命以来、共産主義の世界浸透を目論むソ連が脅威となり、その動きを察知するため、ロシア語のスペシャリストが求められていたのである。

その後、一九三六年一月、ラトビア公使館付武官に就任する。ラトビアの首都リガまでは、ハルビンからシベリア鉄道で向かった。「バルト海」の真珠とたたえられる港町リガは、古代から交通の要衝であり、一九四〇年八月にラトビアがソ連に併合されるまで、欧米の外交官や情報士官にとって対ソ連インテリジェンスにおける最前線の拠点であった。

日露戦争で大国ロシアを破った日本は武官団のあいだでも一目置かれた。小野寺は「スターリニズム」の真実を探ろうと、ラトビアはじめ各国武官と密接な関係を築いた。アジアの日本人が白人の輪に入ることは容易でないはずだが、ロシア語とドイツ語が堪能な小野寺は、臆することなく彼らと家族ぐるみのつき合いを続けた。とりわけエストニアとの協力関係が進み、情報共有にとどまらず、共同で対ソ工作員をソ連国内に潜入させ、情報収集工作をさせたり、ウクライナやグルジア（現ジョージア）の民族独立運動を支援して、体制転覆を試みたりする謀略工作も行なった。ドイツも関与したスターリン暗殺計画もあった。

こうした共同工作はソ連の防諜に阻まれ、体制を揺さぶるには至らなかった。だが、ソ連崩壊後、欧州連合（ＥＵ）、北大西洋条約機構（ＮＡＴＯ）加盟をめざして欧米に接近するウクライナやジョージアと、それを阻止するロシアとのあいだで紛争に発展している現在、小野寺ら日本陸軍がソ連崩壊の震源地となったバルト三国で、八十年以上前に多民族国家ソ連の「弱い脇腹」を探り当てていたことは特筆しておきたい。

さて一九三八年、リガから日本に戻った小野寺は、陸軍参謀本部ロシア課勤務となったが、すぐさま上海へ派遣された。そこで重慶（国民政府）の蔣介石との直接和平工作に取り組んだが、日中戦争は泥沼化し、失意のうちに帰国した。小野寺の和平工作は成功しなかったが、蔣介石は帰国直前、「和平信義」と自筆で記した彫の入った金のカフスボタンを贈っている。蔣介石は小野寺を信頼して、日本との和平実現に一縷（いちる）の望みを抱いていたのかもしれない。小野寺の人柄がうかがえよう。

独ソ戦の開始を予測

一九四一年一月からは、中立国スウェーデンの首都ストックホルムの駐在武官として、小野寺は情報活動に励んだ。小野寺はどのようにして情報を得ていたのか。一つは新聞や雑誌などから情報を得るオシントの有効活用である。後述するように、ストックホルムで入手した現地紙や英米紙誌を丹念に読むことで、小野寺は独ソ戦でドイツが苦戦している事実をつかんでいる。

日本陸軍武官室があったストックホルム・リネガータンのアパート。5偕左の出窓のある部屋が武官事務所（筆者撮影）

こうした「オシント」もさることながら、小野寺が何より得意としたのはヒューミントだった。ヒューミントとは、人間的な信頼関係を構築した協力者から秘密情報を得ることである。小野寺の場合の協力者は、ソ連に侵略され、祖国を奪われ、「反ソ」で利害が一致するポーランドやフィンランド、バルト三国といった小国の情報士官であった。小野寺は機密費で彼らの生活の面倒を見るなど、時間をかけて親密で良好な関係を築き、さまざまな情報を得ていった。

小野寺は戦後、旧陸軍将校らの親睦組織の機関紙「偕行」(一九八六年三月号「将軍は語る(上)」)で、「機密費といわれる諜報費に一番お金を使った組でしょう」と回想している。米連合国側も小野寺が多くの小国の情報士官に資金援助して関係を築いたことを突き止め、米戦略情報局(OSS:Office of Strategic Services、戦後CIAとなる)は一九四五年七月二十八日付作成の報告書で、「(小野寺は)数百万クローネ(当時の一クローネは約一円に当たるため現在の貨幣価値にして数十億円)の活動資金をもち、ドイツ崩壊後の全欧州を把握するポストに留まっている」と警戒した。

とりわけ貴重な情報源となったのは、リガで知遇を得た他国の情報士官たちだった。小野寺は「回想録」でこう述べている。

「リガ時代に結ばれた絆は、ストックホルムで、どんなに役に立ったかわからない。(中略)奇縁といおうか幸運といおうか。この人たちが確実な情報を提供してくれたからこそ、中央に反抗しても、意見具申することができた」

また小野寺は戦後、米中央情報局（ＣＩＡ）の前身、米戦略諜報部隊（ＳＳＵ）の尋問で、情報活動が成功したのは、祖国を失い、中立国スウェーデンに亡命した彼らに生活資金、生活物資を援助し、家族ぐるみで信頼関係を結び、秘密情報を得たからだと答えている。

ストックホルムにおける小野寺の最初の任務は、ドイツによるイギリス本土侵攻作戦の確認であった。一九三九年八月、ヒトラーはスターリンと独ソ不可侵条約を結び、一九三九年九月、ポーランドに侵攻し、第二次世界大戦が勃発した。ドイツ軍は一九四〇年四月、デンマーク、ノルウェーへ侵攻。五月にはオランダ、ベルギー、フランスに侵攻し、六月には首都パリを占領した。七月に入ると、バトル・オブ・ブリテン（英独航空戦）が始まり、ドイツ軍は英本土上陸の機会を探った。同年九月、日本は日独伊三国同盟に調印。欧州でのドイツ優位に呼応するかたちで国策を決定しようとしていた。

しかし、小野寺が情勢分析したところ、ドイツ軍がイギリスに上陸作戦を実行するという証拠は得られなかった。反対にドイツ軍が独ソ不可侵条約を破棄してソ連へ奇襲攻撃する準備をしているとの情報が集まった。

たとえば、その一つは、エストニア陸軍参謀本部第二（情報）部長から参謀次長を務めたリカルト・マーシングからもたらされた。一九四〇年にエストニアがソ連に併合される直前、マーシングはストックホルム駐在武官に転じて、ドイツ陸軍などで諜報活動を行なう部下を束ねていた。彼はスウェーデン軍部とも親しかった。この「マーシング情報」によれば、バトル・オブ・ブリテンで敗れたドイツは制空権を握れず、Uボートの撃沈が相次いだ大西洋でも制海権を握れず、英本土上陸作戦は不可能とのことだった。

他方で小野寺に寄せられたのは、対ソ開戦の情報であった。マーシングの部下でドイツ軍に入ったカール・ヤコブセンは、小野寺に「ドイツの情報部に勤める部下が、連日ヒトラーの戦闘指令書を準備し、東プロシア（ソ連が占領していた旧ポーランド領）に行っている」と告げた。ヤコブセンは一九二五年から二八年までのポーランド駐在武官時代に同じ駐在武官だった樋口季一郎（きいちろう）中将と親交して以来、日本と関係を深め、ドイツ駐在武官だった一九四一年一月、山下奉文大将が軍事視察団団長として訪独した際、ベルリンの自宅を宿舎兼事務所として提供している。

ちなみに、マーシングは英MI6のエージェントでもあったが、キース・ジェフリー著『MI6秘録（下）』（筑摩書房）によると、「一九四四年末、小野寺の東京への電報（ブレッチリー・パークはこれを読んでいた）には、マーシングがSIS（通称MI6）よりも小野寺のほうに情報源について話をしていることが見て取れ、彼の信頼性にあらたな懸念が生じた」という。つまり、マーシングは小野寺により精緻な情報を多く提供していたことが判明したため、MI6は大戦中に彼を解雇して報酬の支払いを中止した。戦後の尋問調書によると、マーシングは小野寺から謝礼として毎月、一〇〇〇～一五〇〇クローネ（現在の価値で一〇〇～一五〇万円程度）を日本が敗戦するまで受け取った。

「絶対に日米開戦不可なり」

独ソ戦が始まるという分析の決め手になったのは、ストックホルムの日本武官室に通訳官として勤務していたポーランドの情報士官、ミハール・リビコフスキーの情報だった。ドイツのベルリンで情報活動する彼の部下から、ドイツ軍が開戦に備えてソ連国境に近いポーランド領内に集結し、棺桶（かんおけ）を準備しているとの情報が入る。ドイツ軍は作戦開始の際、戦死者を弔うため事前に兵士の棺桶を用意する。ドイツ軍のソ連侵攻の可能性はきわめて高くなった。マーシングとリビコフスキーの情報が一致したことで、小野寺は、バルバロッサ作戦（ドイツ軍のソ連侵攻作戦、一九四一年六月二十二日開始）を確信したのだ。

こうした中、松岡洋右（ようすけ）外相が訪欧した。モスクワで日ソ中立条約を結ぶ直前、一九四一年四月のことだった。しかしヒトラーは、同盟国の日本の外相にソ連侵攻を秘した。松岡外相は、表向きの独ソ蜜月を背景に日独伊にソ連を加えて、米英を牽制し、泥沼の日中戦争を終息できると夢想していた。

松岡外相を迎えて在欧の日本武官会議がベルリンで開かれた際、全員がドイツ軍の英本土上陸を主張するなか、一人小野寺だけは「ドイツはソ連に向かい、独ソ戦が必ずある」と訴えた。すると、ドイツ駐在の西郷従吾（じゅうご）補佐官は、「小野寺は英米の宣伝に惑わされている」と非難した。「英本土対岸の港を視察したが、上陸用舟艇が多数あり、上陸作戦用だった」からだというが、それはドイツによる「偽情報工作による攪乱作戦」だった。

ヒトラーが大島浩在ベルリン大使に「ソ連を攻撃するが、六週間ぐらいで終わるから日本の援助は必要としない」と打ち明けたのは、作戦開始直前の六月四日だった。しかし、退却しながら降伏しない赤軍の強さはドイツ軍にとって想定外だった。やがてモスクワ近郊で補給が途絶えたドイツ軍の進撃が止まった。小野寺は、新聞や雑誌などから情報を得る「オシント」を活用、さらにリビコフスキーの情報を合わせて、冬の戦いに弱いドイツが苦戦している実情をつかみ、日本の参謀本部に「絶対に日米開戦不可なり」との電報を三〇通も打ち続けた。

ところが、「ドイツのソ連制覇は確実」と見なす参謀本部は、小野寺の情報を一顧だにしなかった。日本がハワイの真珠湾を攻撃したころ、モスクワを目前にしながらドイツ軍の敗走が始まっていた。日本は情報を軽視して、世界情勢を見渡す客観的視野を欠いていた。そして太平洋戦争の悲劇に突き進んだ。

ナチスから「密偵」を匿う

独ソ戦開始の情報をもたらしたリビコフスキーは、小野寺にとって最大の情報提供者であると同時に、生涯の友ともいえるような存在だった。

リビコフスキーは、帝政ロシアの支配下にあったリトアニアで一九〇〇年に生まれ、ポーランド軍に入隊後、参謀本部第二部（情報部）でドイツ課長を務めた。しかし、ポーランドへの独ソの侵攻で祖国を失い、ラトビアの首都リガに逃れ、日本の陸軍武官室に匿われた。一九四〇年八月、そのラトビアがソ連に併合されてしまうと、ストックホルムの陸軍武官室に移った。第一次世界大戦後あたりから日本陸軍とポーランド陸軍は諜報で協力関係にあったからだ。日本がのちに真珠湾を攻撃し、日本とポーランドが交戦国になっても、二人の協力関係は続いた。

リビコフスキーは、ナチス親衛隊（SS）隊長のハインリヒ・ヒムラーが「世界で最も危険な密偵」と目の敵にしたほどの人物であり、ドイツの国家秘密警察（ゲシュタポ）に四六時中、命を狙われていた。小野寺はそんなリビコフスキーの身を案じて、日本陸軍武官室の主任（通訳官）として保護していたのである。しかし、日本はドイツの同盟国であったとはいえ、密偵を匿う行為をナチス・ドイツが看過するはずがない。ゲシュタポは何度も彼をドイツへ攫っていこうと試みたが、「リビコフスキーは日本の将軍の絶対的なサイドキックに守られていつも難を逃れ、相変わらずイギリスにも小野寺にもサービスを続けた」（ラディスラス・ファラゴー『ザ・スパイ』サンケイ新聞社出版局）。

敵はナチスだけではなかった。リビコフスキーを匿った小野寺の行為は、日本国内からの批判にも晒された。日米開戦後、ドイツ一辺倒になった在ベルリン日本大使館において、満洲国参事官としてポーランド情報士官らとの諜報協力を主導、陸軍中野学校初代校長も務めた秋草俊なども、露骨にリビコフスキーを嫌悪した。こうした状況下においても、小野寺は決してリビコフスキーをナチスに渡さなかった。

それどころか、さらなる身の安全を図るため、親交のあったストックホルム公使館の神田襄太郎公使代理に依頼して、偽名ピーター・イワノフに漢字を当てて「岩延平太」名義の日本国のパスポートをつくり、与えたのである。ただし、小野寺は、このようなことを恩に着せて、その見返りとしてリビコフスキーに情報を求めることはしなかった。それどころか、交戦国の敏腕インテリジェンスオフィサーが目の前で活動することに、いっさい干渉しなかった。己の為すべきことを為す。そして、任務のなかで利害関係が一致すれば情報を交換し合う。国を背負う者同士、互いの立場を尊重し合っていたのであろう。

ポーランドと日本の絆

加えて二人が親密な関係になったのは、リビコフスキーらポーランド人が、強い親日感情を抱いていたこともあろう。

十八世紀よりロシアの侵略と圧政に苦しめられたポーランドは、日露戦争でそのロシアを打ち負かした日本に対し、驚きの目を向けた。日本軍は望まずにロシア軍に従軍したポーランド人の捕虜に対し、松山収容所（愛媛県）などで寛容に遇したが、これもポーランドの対日感情をよいものにした。さらに両国の距離を縮めたのが、シベリア出兵中の日本軍が、ボルシェビキ（ソ連共産党の前身）に両親を惨殺されたポーランド人孤児七六五人を救出して、ポーランドまで送り届けた出来事だ。ポーランドの新聞は「日本人の親切を絶対に忘れてはならない。我々も彼らと同じように礼節と誇りを大切にする民族であるからだ」と報じた。

また一九四〇年には、リトアニアのカウナス（ソ連併合前の首都）で領事代理だった杉原千畝が「命のビザ」を発給して六〇〇〇人のユダヤ人を救ったが、その多くがポーランドから逃れてきた人たちであった。こうした歴史があればこそ、ポーランドは日本を「大切なパートナー」と感じていたのである。ちなみに、杉原はリビコフスキーともつながりがあり、一九三九年の独ソ侵攻で祖国を逃れたリビコフスキーに、満洲国パスポートを発給したのが、杉原であった。「命のビザ」の一年前の話である。

ソ連参戦情報は「返礼」

リビコフスキーは一九四四年三月、ドイツの圧力に抗しきれなくなったスウェーデン政府から国外退去を命じられ、ロンドンのポーランド亡命政府に向かう。このとき、リビコフスキーは小野寺に「（退去先の）ロンドンからも引き続き日本のために情報を送る」と約束する。その約束とは、リガの武官時代に家族ぐるみのつき合いをするなど、小野寺と旧知の仲であったストックホルム駐在ポーランド武官、フェリックス・ブルジェスクウィンスキーを仲介してロシア語で伝達することだった（「小野寺信回想録」）。

そして、一九四五年二月四日のヤルタ会談直後の同月中旬、小野寺のもとに「ソ連はドイツ降伏より、三カ月を準備期間として、対日参戦する」という日本の命運に関わる密約情報が届く。同じく「小野寺信回想録」によると――午後八時から始まる夕食前のことだった。小野寺の自宅郵便受けに物音がした。らせん階段をアパートの最上階五階まで駆け上がり、「手紙」を投函した少年はブルジェスクウィンスキーの長男で、すなわち差出人はブルジェスクウィンスキーであった。余談ながら、リガの武官時代、小野寺の次女、節子はこの少年から子供の誕生日パーティーで「人生初となるプロポーズ」を受けている。

1945年2月中旬、小野寺のストックホルムの自宅アパートの郵便受けに、ヤルタ密約の手紙を届けるため、ブルジェスクウィンスキーの長男が駆け上がったらせん階段（2016年12月、筆者撮影、以下同）

この「手紙」に書かれた情報をブルジェスクウィンスキーに送信したのは、リビコフスキーの直属の上司、ロンドンのポー

小野寺が住んでいた自宅アパートと郵便受け（右の部屋）

ランド亡命政府の参謀本部情報部長のスタニスロー・ガノであった。バッキンガム宮殿に近いルーベンスホテルにあったポーランド亡命政府陸軍参謀本部に登庁し、ポーランド軍に復帰してイタリア戦線に赴いたリビコフスキーに代わり、ガノによって小野寺との約束は果たされたかたちとなる。

帰国後、巣鴨プリズン（戦犯収容施設）で行なわれたSSUの尋問で、小野寺は機密情報を提供してくれたポーランド亡命政府に配慮してヤルタ密約の情報を彼らから得たとストレートには語っていないが、「ロンドンの亡命政府参謀本部情報部長のガノから、『ソ連が対日参戦することを決め、ソ連軍が極東シベリアに移動している』との警告を受けた」と答えている。

「情報提供」を「警告」という言葉に置き換えて、ガノからのヤルタ密約の提供を示唆している。

小野寺は直ちにソ連の参戦情報を参謀本部に打電したが、それが「奥の院」に握り潰されてしまったことはすでに述べた。

ヤルタ密約について、前掲の機関誌「偕行」(一九八六年四月号「将軍は語る(下)」)で、「ポーランド亡命政府の公式情報だった」と証言しているが、同参謀本部情報部長のガノが情報を届けたということからも、それが裏づけられる。日露戦争でのポーランド人捕虜への寛容な扱い、シベリアでのポーランド人孤児救出、杉原千畝の「命のビザ」、そして小野寺のリビコフスキー庇護(ひご)。ポーランドからすれば、密約情報の提供はこれまでの日本の厚意への「返礼」の思いの表れだったのかもしれない。

終戦後、日本に引き揚げる小野寺にガノは、次のようなメッセージを贈っている。

「あなたは真のポーランドの友人です。長いあいだの協力と信頼に感謝し、もしも帰国して新生日本の体制があなたと合わなければ、どうか家族とともに全員で、ポーランド亡命政府に身を寄せてください。ポーランドは経済的保障のみならず身体の保護を喜んで行ないたい」

祖国をソ連に奪われ、共産化の道を辿ったポーランドは、世界の誰よりも「スターリニズム」の恐怖を皮膚感覚で知っていた。ソ連が侵攻してきたら、ただではすまないことを熟知していたからこそ、小野寺にソ連参戦のヤルタ密約情報を伝え、さらに戦後の身を案じたのであろう。

情報源を守るため「偽情報と知りつつ報酬を払う」

小野寺は帰国後、巣鴨プリズンでSSUの尋問に答えて、「ポーランドからはドイツ向けの偽情報が多かった」と語っている。だが、これは真実ではない。二〇一四年に刊行した『「諜報の神様」と呼ばれた男』(PHP研究所)にも記したように、それは小野寺に情報を流したリビコフスキーらロンドンのポーランド亡命政府の参謀本部が、連合国内で不利益を被ることを恐れて、彼らを庇(かば)うための方便としてそう述べたのである。

巣鴨で尋問が始まった一九四六年三月当時、ポーランド亡命政府は戦勝国の一員でありながら、立場は微妙だった。英米から国家承認を失い、祖国にはソ連の傀儡であるルブリン政権が誕生して行き場を失っていた。最終的にリビコフスキーが安住の地として選んだのは、カナダであり、上司のガノもモロッコに移り住んだ。二人ともイギリスには留まれなかったのだ。連合国軍の一員として亡命していたイギリスに、彼らが一定の便宜を図ったことはあっただろう。英米に忠誠を尽くし、その手先として、大戦中に本当に日本を欺いていたのなら、二人は英国籍を取得してイギリスに留まれただろう。しかし、それが叶わなかったところが、リビコフスキーらがイギリスよりも小野寺ら日本との関係を重視していたことを物語っている。

米国立公文書館が公開したSSUの尋問調書によると、小野寺は次のように語っている。

「最初の情報はすばらしかったが、一九四四年末ごろから、質が低下し始め、日本軍の戦争犯罪に関わる情報が増えた。この時から偽情報だと気づいたが、報酬は払い続けた。合計すると約一万ドル（当時の為替レートにして一ドルは約四・二五円で、現在の価値で約四二五〇万円）。イギリスを結果的に利することになるが、（中略）イワノフ（リビコフスキー）が連合国軍に忠誠を示すため、欺瞞工作による偽情報をやむなく送って来たと納得した」

戦後の尋問で、小野寺がリビコフスキーらポーランドの情報士官を庇うため、あくまで方便として、「偽情報が多かった」と答えたことから、「リビコフスキーが二重スパイとして小野寺に欺瞞工作を仕掛けていた」との見方が欧米で生まれることになった。

とりわけ第1章ですでに記したように、イギリスはMI5に二重スパイを養成、活用する組織「ダブル・クロス・システム」とそれを監督する極秘組織、「二十（XX）委員会」を設立し、国策として二重スパイを活用し、彼らを通じて欺瞞情報を流してノルマンディー上陸作戦などを成功に導いており、欺瞞工作の〝成功〟を内外に積極的にアピールしていた。

小野寺はリビコフスキーがロンドンに去ったあとの一九四四年後半からストックホルムで、ドイツ随一とされたインテリジェンスオフィサーのカール・ハインツ・クレーマーと協力して情報交換を行なっていた。そのことを把握していたイギリスは、小野寺を通じてクレーマー経由でドイツに伝わることを想定して、ドイツとイギリスの二重スパイを通じて偽情報を流して「欺瞞工作が成功した」と、自賛して記録に残している。しかし実際には、小野寺自身がそれらが偽情報であることを認識しており、それを承知でリビコフスキーを庇うために、イギリスの欺瞞工作にはめられたフリをして、リビコフスキーに報酬を支払い続けたのだ。

また、『MI6秘録（下）』によれば、イギリスは一九四二年後半から、コードネーム「アウトキャスト（追放者）」と呼ばれるドイツとの二重スパイをストックホルムに送り込み、小野寺のエージェントにさせて、一九四四年までMI6から提供されたアメリカの欺瞞素材（偽情報）を小野寺に提供し、ロンドンで好意的に評価されたと書いている。

しかし、小野寺は、アウトキャストを情報源とする米国情報を参謀本部に有力情報として報告しておらず、その存在を回顧録にも記していないし、家族にも話していない。小野寺は、偽情報と見抜いていたのだろう。アウトキャストは中立国に交錯した多くの情報提供者のうちの一人にすぎず、小野寺がそれを信用していなかった以上、小野寺に対する欺瞞工作が成功したとはいえないだろう。そもそも、アウトキャストからの偽情報で日本が窮地に立たされたような事実はない。

インテリジェンス大国のイギリスは、インテリジェンス工作についての宣伝もまた巧みである。イギリス側だけの記録や資料を読んでいては、真実を突き止められない。ちなみに大戦中、結核にかかったアウトキャストは、リビコフスキーやガノと異なり、家族とイギリスに移住してそこで不帰の客となった。二重スパイでもイギリスに忠誠を誓った正真正銘のイギリスのスパイであった。

戦後も変わらず続いた友情

すでに記したエストニアのマーシングのように、祖国が消失した小国の情報士官が多くの国の情報機関と情報共有することは生き抜くための術だった。そのような立場の情報士官の多くが、さまざまな意味で二重スパイ、あるいは三重スパイであったことは否めない。

そもそも、二十世紀最大のスパイ事件の首謀者であるリヒャルト・ゾルゲを筆頭に、スパイとは本質的に二重スパイである。諜報の世界では、ギブアンドテイクが原則で、相手から情報を得るには、自分から相手に情報を提供しなければならないからだ。問題は提供する情報の質で、誰の指示で誰から資金提供を受けて、誰に最も忠誠を尽くしているかである。

小野寺は、SSUの尋問で、「偽情報だと気づいたが、報酬は払い続けた。合計すると約一万ドル」と答えている。これはリビコフスキーがストックホルムの日本武官室に三年半勤務した際の報酬に匹敵する高額だった。そして、リビコフスキーらポーランド亡命政府への資金提供が終戦まで途絶えることはなかった。

大戦後半に一部でイギリスからの意図的な「偽情報」があったにせよ、リビコフスキーが小野寺に提供したのは、ドイツがイギリス本土ではなく、ソ連に侵攻準備を進めている情報など、精度が高いものが多かった。当時、ポーランドと日本は交戦国でありながら、リビコフスキーは国益に反しない限り、小野寺のオーダーに基づき、最高の情報を提供している。

小野寺は、リビコフスキーがロンドンに移動後、ポーランド亡命政府から届けられた情報のソースを「ステファン・カドムスキー」として、「ス」情報と題して参謀本部に送ったが、防衛省防衛研究所戦史研究センター史料室に保管される「在外武官（大公使）電情報網一覧表」によると、「ス」情報は、「確度甲、印度事情ニ関シテハ特ニ良好」と東京の参謀本部も最高ランクの「甲」をつけるほど精緻だったことを示している。

小野寺とリビコフスキーは戦後も、小野寺が他界するまで一〇〇通近い手紙をやり取りした。日本とカナダで再会も果たしている。リビコフスキーは、小野寺がストックホルムで体を張って守り通してくれたことに恩義を感じ、「マコトは自分の恩人だ。ゲシュタポから護ってくれたのはマコトだ」と生涯、感謝の気持ちを忘れることはなかった。

「情報活動で最も重要な要素の一つは、誠実な人間関係で結ばれた仲間と助力者」と小野寺が回想録で語ったように、リビコフスキーと誠実な人間関係で結ばれたからこそ、無二の親友として戦後の半世紀にわたって強い絆が続いた。二人の濃厚な交流からも、リビコフスキーが、小野寺に「偽情報」を流して小野寺を裏切っていたとするのは無理がある。反対に、

小野寺とイワノフことリビコフスキー（『日本・ポーランド国交樹立80周年記念誌』より）

二重スパイを活用するイギリスに「欺瞞工作が成功した」と思い込ませるほど、リビコフスキーのインテリジェンスが巧妙だったといえる。リビコフスキーが報酬を受けて最も忠誠を尽くしていたのは、信頼関係を続けた小野寺であり、日本であった。

二人の深い絆の背景に、すでに述べたように日本とポーランド両国の深い友好関係があったことはいうまでもない。とりわけ日本陸軍とポーランド陸軍は対ソ情報や暗号解読などで協力関係にあった。一九九九年、日本とポーランドの国交樹立八十周年を祝した記念誌には、両国の友好の象徴として二人の肖像写真が掲載されている。「秘められた友情の協力関係だった」（ツィリル・コザチェフスキ元駐日ポーランド大使）と、ポーランド政府は国家としてリビコフスキーと小野寺の「友情」を評価している。

インテリジェンスは人間が営むものである。イギリス側の文書だけで、二重スパイのリビコフスキーが流す「偽情報」で小野寺がイギリスの「欺瞞工作」にあっていたと論じるべきではない。遺族ら関係者に会って、話に耳を傾け、さまざまな証言を集め、現場に足を運んで複眼で観察しなければ、文書の行間に潜むインテリジェンスの本質は見えてこない。

MI5が徹底的にマークしていた

他方、イギリスは小野寺をどのように評価していたのか。英国立公文書館に所蔵されているMI5の副長官、ガイ・リデルの日記には、小野寺が英米を震撼（しんかん）させた情報士官として記されている。リデルは一九四五年七月二日付の日記で、こう記した。

「ストックホルムで暗躍したドイツのカール・ハインツ・クレーマーが（ドイツ降伏後、二カ月して）秘密情報の交換のため日本の陸軍武官、オノデラと取り引きをしていたことを認めた。オノデラ情報は、イギリス軍の配備やフランス陸軍、空軍の配置、イギリスの航空機産業、極東の英米空挺部隊の配置、ソ連の暗号表、アメリカにおける原材料の所在地などに関する戦略的かつ戦術的なものだった。オノデラ情報は、クレーマー情報よりも価値があると考え、ドイツが気前よく報酬を支払った」

クレーマーは小野寺が戦後、家族に、「ドイツ随一の情報家」と回想した法学博士の情報士官で、英米情報のスペシャリストだった。MI5は、イギリスの安全を脅かす危険人物を調査してファイル（KV2）にまとめていたが、クレーマーに対しては一四冊も作成していた。だが、リデル副長官は、そのクレーマーより小野寺情報のほうが「価値があった」と評していた。

日本の陸軍武官のなかで、「リデル日記」に登場するのは小野寺だけである。また小野寺のファイル（KV2／243）はあるが、対ソ諜報の第一人者としてベルリンで大戦初期に暗躍した陸軍中野学校初代校長の秋草俊や、スイスで終戦工作を行なった岡本清福中将らのファイルはない。同日記には、小野寺に欺瞞工作を仕掛けて成功したとの記述はない。英国立公文書館所蔵の文書は、インテリジェンス大国のイギリスが小野寺を第一級の情報士官と認めて、徹底的にマークしたことを物語っている。

第6章

共産主義者に操られた陸軍親ソ派の「敗戦革命」

なぜソ連参戦情報が活用されなかったのか

前章で述べたように、ヤルタ会談直後に小野寺信が参謀本部に打電したソ連参戦情報は、大戦末期の日本の政策に活かされることはなかった。大本営の「奥の院」によって、握り潰されたのはこの「小野寺電」だけではない。三月に入り、ドイツのリッベントロップ外相からソ連参戦の情報を聞いた大島浩駐ドイツ特命全権大使は、これを外務省に伝えたと、戦後に防衛庁（現防衛省）の聴取に答えたことが、「防諜ニ関スル回想聴取録」（防衛省防衛研究所戦史研究センター史料室所蔵）に書かれている。

たしかに英国立公文書館所蔵の「ウルトラ」文書を調べると、一九四五年三月二十二日付で大島大使がベルリンから外務省に宛てた「ヤルタでスターリンが対日参戦を約束した」との電報を傍受したという機密文書があった。イギリスが傍受、解読しているため、大島大使が外務省に打電したことは間違いない。ところが、日本の外交史料館にこの電報は残っていない。何らかの理由で外務省に未着だったことも考えられるが、この前後に大島が打った電報は届いている。「小野寺電」と同様に、日本に届きながら、抹殺された可能性がある。

この不可解な事態の謎を解くべく、英国立公文書館所蔵の「ウルトラ」など秘密文書のコピーの束を探ってみると、ロンドン駐在の中国国民政府の武官が「英ロイター通信が本日(五月九日)、米国の『ウォールストリート・ジャーナル』紙報道を引用して、『ソ連が間もなく参戦する』と配信した」と重慶(国民政府)の軍事委員会に伝えていた記録を見つけた。一般的に、新聞報道を通信社が後追いするのは、その時点で「公開情報」となったと考えられる。時期や条件はともかく、ソ連が参戦を約束したヤルタ密約がドイツ降伏の時点で、「公然の秘密」になったといえよう。

中立国では、こうした連合国の情報に接することができた。五月二十四日と六月十一日にスイスの首都ベルンに駐在する日本の海軍武官から、また、五月三十一日にポルトガルの首都リスボンに駐在する日本の陸軍武官から送られ、イギリスによって傍受、解読された電報に、ソ連参戦を伝えるくだりがあった。

つまり、ドイツが降伏した五月以降、欧州の前線から外務省、海軍軍令部、陸軍参謀本部にソ連が参戦するという情報が伝わっていたのだ。しかし、「小野寺電」と同様、これらの情報がインテリジェンスとして政府内で共有され、国家の指導者の判断に活用されることはなかった(ただし、これらの情報に「小野寺電」と同列の価値を見出すのは不適当である。インテリジェンスにおいて「第一報」が最も価値あるのは基本原則である)。

では、なぜこれらのソ連参戦情報が活用されなかったのか。ソ連仲介による終戦工作が先にあったからだ。一九四四年半ばから、ソ連を通じて連合国と和平交渉を進めようとしていたグループにとって、これらの情報は不都合だった。一九四五年四月、ソ連は日ソ中立条約の不延長（ソ連側は「破棄」と表現）を通告してきたにもかかわらず、条約は残り一年は有効なはずなので、ソ連の中立姿勢に変化はないという希望的観測で判断を誤ったことは否めない。幾多の情報や情勢によって、ソ連が対日戦争の準備をしているのは明らかであるが、よりによって日本政府は五月から六月の最高戦争指導会議で、ソ連に和平仲介を依頼する工作を国策として決めてしまったのである。

日本政府の重要メンバーが共産主義者たちに降伏

大戦末期の日本が不毛なソ連仲介に国運を賭けた理由は何だろうか。この謎を解く鍵が、英国立公文書館所蔵の「ウルトラ」のなかにあった。スイスのベルンに駐在する中国国民政府の陸軍武官が六月二十二日付で重慶に打った「アメリカからの最高機密情報」と題された電報があり、次のように記されていた。

「国家を救うため、現在の日本政府の重要メンバーの多くが完全に日本の共産主義者たち（原文では日本共産党だが、日本共産党は党組織が壊滅していたため、日本に存在した共産主義者たちと訳す）に降伏している。あらゆる分野部門で行動することを認められている彼ら（共産主義者たち）は、すべての他国の共産党と連携しながら、モスクワ（ソ連）に助けを求めようとしている。日本人は、皇室の維持だけを条件に、完全に共産主義者たちに取り仕切られた日本政府をソ連が助けてくれるはずだと（和平仲介を）提案している」

すなわち中国の国民政府の武官は、皇室の維持を条件に、ソ連に和平仲介を委ねようとしている日本の重要メンバーが、共産主義者たちに操られていると分析していたのである。ソ連の仲介を期待して戦争を終わらせる政策を進めていたグループが、ソ連の工作の影響を受けていたとしたら、いくらヨーロッパからソ連が対日参戦するという情報を受け取っても、聞く耳をもたなかったであろう。こうした情報は最初から抹殺される運命にあったのだ。

繰り返すが、同電報は「アメリカからの最高機密情報」とあり、おそらくその情報源はアメリカの情報機関、戦略情報局（ＯＳＳ）のベルン支局長アレン・ダレス（のちのＣＩＡ長官）からのものであろう。中立国スイスの首都ベルンには、連合国、枢軸国、中立国の情報士官たちが交錯する、世界で最もホットな諜報戦の舞台だった。そのなかでも名声を得ていたのが、ダレスだった。

ダレスはこの電報が打たれた二カ月前の四月には、北イタリアの駐留ドイツ軍との停戦・降伏交渉を成功に導き、見事に降伏を実現させている。世にいう「サンライズ作戦」である。さらにダレスは、日本とも五月ごろから亡命ドイツ人でOSSの工作員、フリードリヒ・ハックを介してベルン海軍顧問補佐官、藤村義朗中佐と接触。さらにスイスの国際決済銀行（BIS）理事、ペル・ヤコブソンを介して、同銀行に出向していた横浜正金銀行の北村孝治郎、吉村侃を介して、陸軍武官、岡本清福中将と加瀬俊一公使らとも和平交渉を行なっている。ダレスは各国スパイが暗躍するベルンの「主役」だった。

日本の動向をつかんでいた中国武官

前掲の電報がベルンから重慶に打たれた日付に注目していただきたい。同日の六月二十二日、東京では最高戦争指導会議が開催され、鈴木貫太郎首相が四月から検討してきたソ連を仲介する和平策を国策として正式に決めた。近衛文麿元首相を特使としてモスクワに派遣する計画だった。

奇妙にも、和平のソ連仲介策が正式決定したその日に、ベルンから「共産主義者たちに降伏した日本がソ連に助けを求めている」と報告しているのである。スイス・ベルンは日本から七時間遅れの時差があることを差し引いても、日本で国策が決まった直後に打電されており、アメリカと中国のすばやい反応に驚くしかない。

「HW12」のレファレンス番号に分類されている「ウルトラ」文書をヤルタ会談が行なわれた四五年二月まで遡り、さらに終戦までチェックした。判明したのは、この中国武官は日本の終戦工作のすべてを把握し、ソ連の対日参戦の動きを逐一、捉えていたことである。

たとえば、同年二月十五日付の「ウルトラ」では、「ヤルタ会談の公式発表では明らかにされていないが、真実はテヘラン会談で合意したこと（ソ連がドイツ降伏後に対日参戦）を正式に決めたこと」とソ連参戦の密約が交わされた事実を伝えた。五月四日付では、「スイス情報によると、極東へ大規模な兵力輸送が続いており、ソ連は直ちに参戦する可能性がある」と報告。五月二十二日付では、「フランス情報で、日本と米英との和平交渉の仲介をソ連に依頼したが、ソ連は拒絶した」と打電。さらに「最近、当地スイスで日本が和平交渉を始めた」（六月十九日付）、「日本公使館員は日本最高司令部から指示を受けて、駐ベルン米大使館とパイプのある人物と和平への交渉に入った」（七月四日付）とも報告していた。

これらの電報を重慶に打っていた中国の武官とは、いかなる人物であろうか。一連の電報のなかには、Robert Chitsuinという名前が記されているものがあった。情報源もアメリカのほかにフランスなど連合国、スイスやスウェーデンなどの中立国、さらに敵国のドイツまで多岐にわたっていた。ドイツ降伏後、世界から孤立する日本の動向を全方位からチェックしていたことになる。

国民政府の資料では、大戦末期のベルンには「斎焌（チッン）」という武官が駐在しており、「ウルトラ」に登場するChitsuinと同一人物だろう。斎焌は一九四〇年にドイツ・ベルリンに陸軍武官として赴任したが、四五年初めごろからベルンに移り、表の肩書は公使館の経済班員だった。陸軍武官でありながら、イギリスのブレッチリー・パークの傍受解読分類のなかで、外交電報として登場するのは、経済班の外交官という表の肩書をもっていたためと見られる。帰国後は国民政府の軍事委員会秘書を務めたという。多くの国の情報士官と人脈を築き、日本の動向を確実につかんでいた諜報力には驚愕させられる。

「ウルトラ」では国民政府武官と記載されているが、大戦末期は第二次国共合作が行なわれていた時期であり、斎焌が中国共産党員であった可能性もある。

親ソは時代の「空気」だった

この斎煥が打ったと見られる電報には、「日本政府の重要メンバーの多くが完全に日本の共産主義者たちに降伏している」とあるが、重要メンバーとはどの勢力を指すのか。大戦時は陸軍とりわけ統制派が主導権を握っており、陸軍統制派と考えるのが妥当だろう。それを裏づける資料も「ウルトラ」にあった。ヤルタ会談が終わった直後の四五年二月十四日、ベルン駐在のポーランド外交官が、ベルンの日本外交官談話として、ロンドンのポーランド亡命政府に送った電報である。

「日本はドイツ敗戦後、中立国との外交がいっそう重要になる。ソ連との関係がカードとして身を守る保険として重要になる。日本はソ連と結合してアングロサクソンに対抗、アジアの影響力と利害を分け合う関係に変わるかもしれない。日本の軍部では、いまだに東京―ベルリン―モスクワで連携して解決する幻想を抱いている。ここでのベルリンとは、共産党政府もしくはソ連に共感を抱く政府のことである」

日本の軍部はなお日独ソの連携に幻想を抱いているというのだ。ポーランド外交官が日本公使館から聞いた情報として、この電報は打たれているので、日本の外務当局が軍部にはそのような幻想があると捉えていたとも考えられる。

もっとも、軍部だけがソ連に傾斜していたわけではない。戦前の国家総動員体制を推し進めたのは、「革新官僚」と呼ばれる左翼から転向した者たちだったことはよく知られている。親ソはいわば時代の「空気」だった。日本を代表する哲学者である西田幾多郎も同年二月十一日、近衛の首相秘書官や高松宮の御用掛を務めた細川護貞に、アメリカよりもソ連共産主義を礼賛する談話を残している。

「将来の世界はどうしても米国的な資本主義的なものではなく、やはりソヴィエト的なものになるだろう。ドイツのやり方でもソヴィエトと大差はないし、又ソヴィエトでも資本主義こそ許さぬが、それ以外のものは宗教でさえも許している有様だから、結局はああいった形になるのだろう。日本本来の姿も、やはり資本主義よりは、ああいった形だと思う」(『細川日記』中央公論社)。

昭和天皇の側近だった木戸幸一内相も、ソ連に対する見方はきわめて甘かった。一九四五年三月三日、木戸は日本銀行の調査局長などを務めた友人の宗像久敬に「ソ連仲介工作を進めれば、ソ連は共産主義者の入閣を要求してくる可能性があるが、日本としては条件が不真面目でさえなければ、受け入れてもよい」という話をしている（「宗像久敬日記」宗像家所蔵）。さらに木戸は続けた。「共産主義と云うが、今日ではそれほど恐ろしいものではないぞ。世界中が皆共産主義ではないか。欧州も然り、支那も然り。残りは米国位のものではないか」。

驚いた宗像が「共産主義になると皇室はどうなるのか、国体と皇室の擁護が国民の念願であり木戸の思いでもあるはずだ」と問い返し、「ソ連ではなく米国と直接接触すべき」と反論すると、木戸は驚くべき返答をした。「今の日本の状態からすればもうかまわない。ロシアと手を握るがよい。英米に降参してたまるものかと云う機運があるのではないか。結局、皇軍はロシアの共産主義と手をにぎることになるのでないか」。「木戸は陸軍内の親ソ・強硬派に籠絡されているに違いない」。そんな印象を抱いた宗像は日記にこう書いている。「要するに彼（木戸）は確固たる方針なく陸軍の態度によりソ連接近なり」。

日本の国体である皇室制度とソ連のボルシェヴィキ革命政権のイデオロギーは相容れないはずである。ところが、天皇側近の木戸までが共産主義が両立できると考え、その動きを容認していたのだ。

近衛上奏文

このようにソ連に傾く政府、軍部に対して警告を発したのが、近衛文麿元首相である。

一九三七年七月の盧溝橋（ろこうきょう）事件以来、泥沼の日中戦争から日米開戦に突入したことに、「何者か眼に見えない力にあやつられていたような気がする」（三田村武夫『戦争と共産主義』呉PASS出版）と述懐した近衛は、一九四五年二月十四日、早期終戦を唱える上奏文を昭和天皇に提出した。いわゆる近衛上奏文である。

「最悪なる事態に立至ることは我国体の一大瑕瑾（かきん）たるべきも、英米の輿論（よろん）は今日迄（まで）の所未だ国体の変更と迄は進み居らず（勿論一部には過激論あり。又、将来如何に変化するやは測断し難し）随（したが）って最悪なる事態丈なれば国体上はさまで憂ふる要なしと存ず。国体護持の立場より最も憂ふべきは、最悪なる事態よりも之に伴うて起ることあるべき共産革命なり」

「国内を見るに共産革命達成のあらゆる条件日々具備せられ行く観あり。即ち生活の窮乏、労働者発言権の増大、英米に対する敵愾心昂揚の反面たる親ソ気分、軍部内一味の革新運動、之に便乗する所謂新官僚の運動、及、之を背後より操る左翼分子の暗躍等なり。少壮軍人の多数は我国体と共産主義は両立するものなりと信じ居るものの如く、軍部内革新論の基調も亦ここにあり。皇族方の中にも此主張に耳を傾けらるる方ありと仄聞す」

米英は国体変革までは考えていないとし、それよりも「共産革命達成」のほうが危険と見なす近衛の情勢分析は正鵠を射ていた。この近衛上奏から一カ月半余りのちの同年四月五日、ソ連は日ソ中立条約不延長の通告という離縁状を日本に突きつけてきた。小磯國昭内閣は総辞職し、七日に鈴木貫太郎内閣が成立すると、陸軍は本格的にソ連の仲介による和平工作に動き出した。

同月二十日午後、参謀本部の河辺虎四郎次長は、有末精三第二部長を伴って外相官邸に東郷茂徳外相を訪問し、対ソ仲介による和平工作をもち掛けた。ソ連への特使としては、東郷外相か、よりによって上奏文で「親ソ気分」を批判した近衛を考えていた。

しばらくして参謀本部から、東郷外相に参謀本部第二十班（戦争指導班）班長、種村佐孝が四月二十九日付で作成した「今後の対ソ施策に対する意見」と「対ソ外交交渉要綱」がもたらされた。

「今後の対ソ施策に対する意見」は「ソ連と結ぶことによって中国本土から米英を駆逐して大戦を終結させるべきだ」という主張に貫かれていた。全面的にソ連に依存して「日ソ中（延安の共産党政府）が連合せよ」というのである。驚くべきは「ソ連の言いなり放題になって眼をつぶる」前提で、「満洲や遼東半島やあるいは南樺太、台湾や琉球や北千島や朝鮮をかなぐり捨てて、日清戦争前の態勢に立ち返り、対米戦争を完遂せよ」としていることだ。もしこのとおりに日本の南北の領土を差し出していれば、日本は戦後に東欧が辿ったように、ソ連の衛星国になっていたであろう。琉球（沖縄）までソ連に献上せよというのは、ヤルタ密約にすらなかった条件であり、ソ連への傾斜ぶりの深刻さがうかがえる。

また「対ソ外交交渉要綱」でも、「対米英戦争を完遂のため、ソ連と中国共産党に、すべてを引き渡せ」と述べている。相互の繁栄を図るため、ソ連との交渉役として外相あるいは特使を派遣し、「乾坤一擲（けんこんいってき）」を下せと進言していた。

スターリンは西郷隆盛に似て

同じころ（同年四月）、種村の前任の戦争指導班長で鈴木貫太郎首相の秘書官だった松谷誠（せい）は有識者を集め、国家再建策として「終戦処理案」を作成。やはり驚くようなソ連への傾斜ぶりで貫かれていた。松谷の回顧録『大東亜戦争収拾の真相』（芙蓉書房出版）によると、「ソ連が七、八月に（米英との）和平勧告の機会をつくってくれる」と、ソ連が和平仲介に乗り出すことを前提に「終戦構想」を記している。

こうした記述からは、事前にソ連側から何らかの感触を得ていたことがうかがえる。すでに対日参戦の腹を固めていたソ連は、最初から和平を仲介する意図はなかった。にもかかわらず、日本政府がそれを可能であると判断したのは、ソ連の工作が巧妙だったからだろう。松谷は「ソ連に頼って和平を行なう理由」を次のように説明している。

・スターリンは独ソ戦後、左翼小児病的態度を捨て、人情の機微があり、左翼運動の正道に立っており、恐らくソ連は日本に対し国体を破壊し赤化しようとは考えられない。

・ソ連の民族政策は寛容。白黄色人種の中間的存在としてスラブ民族特有のもので、スラブ民族は人種的偏見少なく、その民族政策は民族の自決と固有文化とを尊重し、共産主義化しようとする。ソ連は、国体と共産主義とは絶対に相容れざるものとは考えない。

・ソ連は国防・地政学上、日本を将来親ソ国家にしようという希望がある。東アジアの自活自戦態勢の確立のため、満洲、北支を必要とし、さらに海洋への外核防衛圏として日本を親ソ国家にしようと希望している。

・戦後、日本の経済形態は表面上不可避的に社会主義的方向を辿る。この点より見ても対ソ接近は可能である。

・米の企図する日本政治の民主主義化よりも、ソ連流の人民政府組織のほうが、将来日本的政治への復帰の萌芽を残す。

異常なまでの猜疑(さいぎ)心と権力への強い執着心から、粛清を繰り返す恐怖政治を行なったスターリンは悪名高き独裁者であった。一九三〇年代後半から始まった大粛清で処刑、獄死したのは七〇〇万人とも一〇〇〇万人ともいわれている。これはヒトラー率いるナチス・ドイツがホロコーストで虐殺したユダヤ人六〇〇万人を上回っている。そんな残虐な独裁者のどこに人情の機微があるというのだろうか。また、「天皇制の廃止」を打ち出している共産主義と日本の国体がいかなる理由から両立できるのか。敗戦後の日本がめざすのは、米英の民主主義よりもソ連の共産主義国家体制と主張しているが、それこそ亡国の道であった。

昭和天皇の聖断を仰ぐことで、日本を終戦に導いた宰相として評価が高い鈴木首相も、ソ連とスターリンに対する認識は甘すぎた。対ソ交渉路線を決めた最高戦争指導会議で、鈴木首相は「スターリンという人は西郷南洲（隆盛）に似たところもあるようだし、悪くはしないような感じがする」とソ連の独裁者を維新の英雄、西郷隆盛に準（なぞら）えて絶賛している。その背景には松谷秘書官の「スターリンには人情の機微がある」とした「終戦処理案」の影響があったことは間違いない。

外交クーリエとしてモスクワを訪問した過去

なぜ、松谷はこのような「終戦処理案」を作成したのだろうか。『大東亜戦争収拾の真相』によれば、松谷は、参謀本部第二十班および杉山陸軍大臣秘書官時代の協力者だった企画院勅任調査官の毛里英於菟（もうりひでおと）、慶應義塾大学教授の武村忠雄はじめ、各方面の識者数人を極秘裏に集め、終戦後の国策を討議し、また、外務省欧米局米国課の都留重人、太平洋問題調査会の平野義太郎とは個別に懇談したという。

毛里、平野はいわゆる革新官僚だった。とくに平野はフランクフルト大学に留学してマルクス主義を研究した講座派のマルクス主義法学者で、治安維持法で検挙されると転向し、右翼の論客となったが、戦後は再び日ソ友好などで活動した。

また都留重人（経済学者・第六代一橋大学学長）は、治安維持法で検挙され、第八高等学校を除名後、ハーバード大学に留学、同大大学院で博士号を取得したが、戦後、米国留学時代に共産主義者であったことを告白している。

都留は一九四五年三月から五月まで外交クーリエ（連絡係）としてモスクワを訪問しており、松谷が「終戦処理案」を作成した四月には日本にはいなかった。しかし、松谷とは一九四三年ごろから面会しており、「終戦処理案」でも何らかの示唆を与えた可能性もある。ソ連仲介和平工作が本格化する時期に都留がモスクワを訪問していたことも謎である。ソ連幹部と面会して何らかの交渉を行なっていたのではないかと推測される。

種村も都留同様に、クーリエとしてモスクワを訪問した過去があった。一九三九年十二月から参謀本部戦争指導班に所属し、一九四四年七月から戦争指導班長を務めた種村がモスクワに出張していたのは、同年二月五日から三月三十日までであった。

帰国した種村は同年四月四日、木戸内相を訪ね、ソ連情勢を説いている。この日の『木戸日記』には、「種村佐孝大佐来庁、武官長と共に最近のソ連の実情を聴く。大いに獲る所ありたり」と記されている。前述したように、木戸は共産主義への甘い幻想を語っているが、それは種村による影響だったのだろう。種村はポツダム宣言が出されたあと、第一七方面軍参謀として朝鮮に渡って終戦を迎えたが、一九五〇年までシベリアに抑留された。

敗戦後、共産主義国家を建設するという構想

種村の「素性」が判明するのは、帰国後のことである。一九五四年、在日ソ連大使館二等書記官だったユーリー・ラストヴォロフ中佐がアメリカに亡命するという事件が起きる（ラストヴォロフ事件）。亡命先のアメリカでラストヴォロフは、「（シベリア抑留中に）一一名の厳格にチェックされた共産主義者の軍人を教育した」と証言したが、志位正二（まさつぐ）、朝枝繁春（あさえだしげはる）（以上、二人はソ連のエージェントだったことを認め、警視庁に自首した）、瀬島龍三などのほかに、種村の名前を挙げている。

種村をはじめ、松谷ら陸軍の親ソ派が練った終戦構想とは、国内では一億玉砕、本土決戦を唱えて国民統制を強化しながら、ソ連に仲介和平交渉を通じて接近し、敗戦後、日本に共産主義国家を建設するというものだった。そのうえで、日本、ソ連、中国（共産政権）で共産

主義同盟を結び、アジアを帝国主義から解放するという革命工作だった可能性が高いのである。当時の日本は、帝国主義国同士を戦わせ、敗戦の混乱を利用して共産主義国家に転換させるというレーニンが唱えた、まさしく「敗戦革命」の瀬戸際に立たされていたといえる。

太平洋戦争開始目前の一九四一年十月、ゾルゲとともにソ連のスパイとして逮捕された尾崎秀実（ほつみ）らの目的任務は、「世界共産主義革命遂行上最も重要にしてその支柱たるソ連を日本帝国主義より防衛する為日本の国内情勢殊に政治経済外交軍事等の諸情勢を正確且つ迅速に報道し且つ意見を申し送って、ソ連防衛の資料たらしめる」ことであり、コミンテルンについては「世界革命を遂行して世界共産主義の実現を目的とする共産主義者の国際的組織であり」「世界各国の無産階級運動の指導部、参謀本部として（中略）革命手段により資本主義社会機構を打倒し世界各国にプロレタリアートの独裁政権を樹立し全世界のプロレタリア独裁国家の結合を創設し階級を徹底的に打破し以て共産主義社会の第一段階である社会主義社会を実現せんことを目的とした国際的結社であります」と供述した（三田村武夫『戦争と共産主義』）。

本章で挙げたベルン発の中国武官の電報は、ゾルゲ・尾崎事件以降も、コミンテルンの工作が日本の中枢にまで浸透していたことを裏づけているといえよう。

第7章

千島列島は「引き渡される」としたスターリンの深慮遠謀

北方領土問題における「原則」

ロシアでは二〇二〇年七月、憲法に領土割譲を禁じる条項が盛り込まれた。以来、二〇二一年六月にロシア軍が北方領土で演習を行なったり、同年七月には国後島海域で射撃訓練を行なうと通告したうえで、ミハイル・ミシュスチン首相が択捉島を訪れるなど、北方領土交渉をめぐる環境は悪化の一途を辿っている。すでに述べたように、ソ連時代からロシアが北方四島の領有を主張する最大の根拠がヤルタ密約である。

しかし、ヤルタ密約は連合国の首脳が交わしたものにすぎず、当事国の日本が関与しない領土の移転はそもそも国際法の「原則」に反している。日本政府は「当時の連合国の首脳間で戦後の処理方針を述べたもので、領土問題の最終処理を決定したものではなく、当事国として参加していない日本は拘束されない」（二〇〇六年〔平成十八年〕二月八日、国会答弁）という立場であり、ソ連の法的根拠を認めない姿勢を示してきた。

アメリカは戦後、この日本の立場を支持し、米上院は一九五一年にサンフランシスコ講和条約を批准承認する際、ヤルタ密約の項目を含めないとする決議を行なっている。

さらに二〇〇五年五月には、ブッシュ（Jr）元大統領がラトビアの首都リガで、ヤルタ会談での合意は、「安定のため小国の自由を犠牲にした試みは反対に欧州を分断し不安定をもたらす結果を招いた」と言明し、「史上最大の過ちの一つ」だと強く非難している。

他方でロシアは、ソ連時代からヤルタ密約を最大の根拠に北方四島の領有権の主張を繰り返してきた。日本の外務省の説明によれば、「ソ連政府は『ヤルタ協定』により、択捉島、国後島、色丹(しこたん)島および歯舞(はぼまい)群島を含むクリール諸島（北方四島と千島列島に対するロシア側の呼称）のソ連への引き渡しの法的確認が得られたとの立場を取ってきた」（同国会答弁）。

二〇一一年二月、ロシア外務省は北方四島に対するロシアの主権は「第二次世界大戦の結果」であるとし、その根拠としてやはりヤルタ協定に加えて、ポツダム宣言、サンフランシスコ講和条約、国連憲章第一〇七条（敵国条項）を挙げている。プーチン大統領は二〇一五年九月の国連総会で「ソ連主導で成立したヤルタ合意こそ世界に平和をもたらした」と語り、これを戦後の国際秩序の出発点であると述べた。

英外務省が「有効性の議論に巻き込まれるな」と訓令電報

他方、アメリカと並び、ソ連とヤルタ密約を結んだイギリスの姿勢はどうだったのか。

終戦から約半年後に当たる一九四六年二月十一日、ヤルタ密約は米英ソ政府によって同時に発表された。ソ連政府の要求に応じたものであるが、英国立公文書館には、イギリス政府が公表する二日前の同九日に、英外務省から世界各地に点在したイギリスの全在外公館五四カ所に「緊急かつ極秘」に送られた「訓令」電報がある。

この「訓令」電報は、米英ソ三政府が発表するヤルタ密約の内容

OUTWARD TELEGRAM

[This telegram is of particular secrecy and should be retained by the authorised recipient and not passed on

[CYPHER] CABINET DISTRIBUTION

FROM FOREIGN OFFICE TO HIS MAJESTY'S REPRESENTATIVES AT:-

No.8 CIRCULAR D. 9.30 p.m. February 9th,1946.
February 9th,1946.

Q Q Q

IMMEDIATE

SECRET My immediately following telegram contains the text of a secret agreement between Marshal Stalin, President Roosevelt and Mr.Churchill signed at Livadia on the 11th February 1945, during the Crimea Conference regarding the conditions under which the Soviet Union agreed to enter the war against Japan.

2./......

ヤルタ密約の公表直前、1946年2月9日付で英外務省から全在外公館へいっせいに送られた外交電報（英国立公文書館所蔵）

を在外公館に事前に告知するためのものであり、閣議の了解を経ていたと思われる。注意事項として、「ソ連の樺太、千島列島の占拠は日本が敗戦した結果の文脈で取り扱われるべき」と特記し、「ルーズベルト大統領が大統領の権限を越えて（樺太、千島列島の領土移転を決めて）署名したことや、米上院の批准承認がない状況下での法的有効性についてアメリカ国内で論議が起こるかもしれない」として、「（密約公表にあたってイギリスは）その議論に巻き込

まれないように注意すべきだ」と警告している。

イギリス政府は議会の承認を経ずに領土の移転を決めたルーズベルトの行動は大統領権限を越えるものと判断していたのである。そして将来、アメリカ国内でこれが問題となることを予測していた。議会の承認を経ずにヤルタ密約に署名したのは、チャーチル首相も同じであったが、密約の正当性に関して、公表する時点から、イギリス政府は疑念を抱いていたことになる。

密約に署名したチャーチルの弁明

では、当のチャーチルは、ヤルタ密約についてどう考えていたのか。

チャーチルは、ルーズベルトと一九四一年八月に戦後の国際秩序として大西洋憲章を定め、「民族の自決」「航行の自由」などとともに「領土不拡大」の原則を打ち出し、一九四三年十月にカイロ宣言で確認していた。戦勝国といえども、敗戦国の領土を奪ってはならないという「領土不拡大」の原則をイギリスは民主主義国家として遵守する立場を取っていた。ソ連の領土拡大要求に応じたヤルタ密約に対して、チャーチルが忸怩(じくじ)たる思いをもっていたとも考えられる。なおソ連も一九四二年一月、「領土不拡大」が示された大西洋憲章に賛意を示した連合国共同宣言に署名していた。

筆者は産経新聞社ロンドン支局長時代に英国立公文書館で、そのようなチャーチルの心中がうかがえる個人書簡が保管されているのを確認した。一九五三年二月二十二日付で、チャーチルからアンソニー・イーデン外相に宛てたもので、末尾にチャーチルの名前のイニシャルである「W.S.C.」のサインがあった。この二日前の同二十日付で、イーデンはチャーチル宛てに、米ドワイト・アイゼンハワー大統領が演説などを通じ、大戦中に民主党のルーズベルト大統領が交わしたヤルタ密約など、あらゆる秘密協定は破棄する方針を打ち出したことを伝える書簡を送っていた。

これに対してチャーチルは、「ヤルタで起きた真実は詳(つまび)らかにすべきだ」との見解を示したうえで、ヤルタ密約はルーズベルトとスターリンが「直接取り決めた」「すべての事項がすでに(米ソで)合意されたあとに(会議終盤の)昼食会で知らされた」「私たち(イギリス)は(取り決めに)まったく参加しなかった」などと弁明している。つまり、ヤルタ密約はイギリスの頭越しに米ソ間で結ばれたものであることを強調しているのだ。

チャーチルがヤルタ密約に署名した一九四五年二月は、イギリスがドイツの最後の反攻によって苦境に立たされていた時期であった。同じくアメリカも、太平洋戦線で日本軍の抗戦に苦しみ、戦いは四七年ごろまで続くという予想もあった。英米両国は、欧州東部戦線でベルリンに迫るソ連の協力を切望しており、「(米ソの)結束を乱したくなかったのも事実だ」として署名したと釈明している。

さらに、チャーチルは「米国務長官だったエドワード・ステティニアス氏ですら、(密約に関して)相談されず、ヤルタ会談の終盤まで密約を結んだことを知らされなかった」と同書簡に記している。ルーズベルトが独断でスターリンの要求に応じたとチャーチルは受け止めていたことがわかる。

すでに触れたとおり、一九五三年に大統領に就任した共和党のアイゼンハワーは、年頭教書演説で、「あらゆる秘密協定は破棄する」と宣言。一九五六年には、同政権下で「ヤルタ協定はルーズベルト個人の文書であり、アメリカ政府の公式文書ではなく、無効である」との国務省声明を発表し、ソ連の領土占有は法的根拠をもたないとする立場を鮮明にした。一九四六年二月に英外務省が「訓令」電報で在外公館に警告したとおり、ヤルタ密約の正当性についてアメリカで問題視されるようになったわけである。

そのため、チャーチルは、イーデン外相宛ての個人書簡で、ヤルタ密約の取り決めに参画していないと自らの責任を回避することで、その正当性に疑念を抱いている姿勢を示したかったのであろう。ヤルタ密約の破棄を打ち出した米アイゼンハワー政権の姿勢に同調したのである。

とはいえ、ヤルタ密約の当事国であるイギリスは、冷戦時代は欧州で対峙するソ連との正面衝突を回避するため、自国の立場を公式には明確にしてこなかった。しかし、先に挙げた英国立公文書館所蔵の「訓令」電報とチャーチルの個人書簡が示すように、イギリス政府がヤルタ密約の法的な正当性に大戦直後から疑いをもっていたことは明らかである。

これを裏づけるように、二〇〇六年二月、日本政府は鈴木宗男議員の質問主意書に対し、「英国政府の見解は、英国政府との関係もあり、お答えを差し控えたいが、（ヤルタ協定に拘束されないという）我が国の認識を否定するものではない」と回答している。

筆者が日英外交筋に取材したところでは、日本の立場を支持する回答を得たのは、マーガレット・サッチャー政権時代だと思われる。また北方領土交渉に関わった別の外交筋も、「日本の立場を支持する回答をイギリスから得ている。イギリスの姿勢は一貫している」と語った。

ヤルタ密約に署名した三国のうち、アメリカに続きイギリスも法的有効性がないヤルタ密約に拘束されないとする立場だとすれば、同密約を根拠に「北方領土は第二次大戦の結果、ソ連（ロシア）領になった」と繰り返すロシア側の主張は正当性を失うことになる。

二十一世紀に入って覇権志向を強める中国への牽制を媒介にして、「新・日英同盟」と呼ばれるほど急速に日英関係が拡大している。日本政府は北方領土問題でイギリスに対し、アメリカと同様にヤルタ密約の法的有効性がないことを認めるように働きかけてほしい。

十九世紀前半に英国王付き地理学者が日本領と認定

二〇一六年十二月に、訪日したロシアのプーチン大統領は当時の安倍晋三首相との会談後の記者会見で、北方領土問題について「歴史的ピンポン（卓球のようなきりのないやりとり）」をやめるべきだと発言した。プーチン氏は「択捉・得撫（うるっぷ）島間に国境を引いた一八五五年の日露和親条約（日露通好条約）に触れ、「日本は『南クリール列島』の諸島（北方四島）を受け取り、ロシア政府及び天皇陛下との合意に従い、プチャーチン提督は最終的にこれらの諸島を日本の管轄下に引き渡した。なぜなら、それまでロシアは、これらの島々は、ロシア人航海者によって開かれたため、ロシアに帰属していると考えていた」と、北方四島がロシア固有の領土であると主張した。

しかし、日露和親条約の締結以前から、北方四島は日本の領土であり、一度たりともロシア領だったことはない。「日本は、ロシアに先んじて北方領土を発見・調査し、遅くとも十九世紀初めには四島の実効的支配を確立した」(外務省)との立場である。

歴史的にも「ロシア人航海者によって開かれた」というプーチン氏の主張は事実ではない。なぜなら筆者はイギリス赴任中、十九世紀前半に英国王付きの地理学者が北方四島をまさに日本領として扱っていた地図を英国立公文書館で確認したからだ。一八一一年にアーロン・アロースミスが作製した「日本、クリール(千島)列島」と、一八四〇年にジェームズ・ワイルドが作製した「日本、クリール(同)列島」の両地図である。

アロースミスの地図は、択捉以南の四島が北海道と同じ青色に塗られ、択捉島と得撫島のあいだに国境線が引かれたと認識できる。またワイルドの地図では、得撫島までが北海道と同じ赤色に塗られていた。

いずれの地図にも、北方四島近くに「Providence」との表記がある。これは、プロビデンス号で一七九六年に北海道に上陸し、北海道西岸を測量した英海軍士官、ウィリアム・ブロートンの探検結果を反映したものと見られる。

ブロートンは一八〇四年に探検記録『A Voyage of Discovery to the North Pacific Ocean,1795 - 1798』を著し、(択捉島に当たる)北緯四五度二五分までは「エゾ(日本領)」と記した。このためアロースミスらは、得撫島より南の択捉以下の四島は自然生態系上からも、北海道と同じと判断したと見られる。

この両地図は、イギリス外務省の公式文書として英国立公文書館に保存されている。北方四島を日本領と定めた一八五五年の日露和親条約以前に、当時の覇権国として、あらゆる分野で「世界標準」を定めていた大英帝国が、四島を日本領として認定していたと推定される。ただ、得撫島より北の島々をクリール諸島と記し、四島を千島列島（クリール諸島）に含めていないが、択捉島に「or Itrup of Russian（またはロシア人のエトロフ島）」、得撫島に「or Urup of Russian」と併記し、ロシア側の主張に一定の配慮を示した形跡もある。

北方四島は「歴史的ピンポン」をしていない

アロースミスは、一七九〇年、メルカトル図法による大型世界地図を作製し、国王ジョージ四世付の水路学者となった。同地図は、キャプテン・クックの探検航海の成果を活かし、架空の南極大陸「メガラニカ」を消滅させるなど、当時最新のものだった。ワイルドも、アヘン戦争における中国の地図に香港を初めて登場させるなど、ビクトリア女王付の地理学者として大英帝国の海洋進出に貢献した。

幕末の日本では、江戸幕府の天文方（天文地理学者）だった高橋景保（かげやす）が、一八〇七年に世界地図作製の幕命を受け、このアロースミスの世界地図を原図として、一八一〇年に両半球世界図「新訂万国全図」を完成させた。じつは、アロースミスの地図を日本は一八〇四年に長崎に来航したロシア通商使節のニコライ・レザノフから入手している。つまり、当時のロシアも同地図を「世界標準」と認識していた可能性がある。

英国立公文書館では、アロースミスとワイルドの地図を、日露間で領有について主張が対立するクリール（千島）関連の外務省の公文書（F０９２５）として保管しているが、十九世紀前半の時点で、イギリスは少なくとも択捉島以北で日露間の国境を認定していたことをうかがわせる。ロシアに先んじて北方四島を発見・調査し、十九世紀初めには実効支配を確立したとする日本側の主張を裏づける資料といえるだろう。

大英帝国が作製した地図は、北方四島が「歴史的ピンポン」をしてきたとのプーチン大統領の主張は事実ではないことを示している。

あえて「引き渡し」と表現を変えた

繰り返すが、ロシアはヤルタ密約を北方四島領有の最大の根拠としてきた。しかし、筆者が英国立公文書館で確認した七十六年前のヤルタ密約「草案」原本（FO371／54073）には、その論拠が成り立たないことが示されている。

この英語で書かれた「草案」原文の文頭には、英語の手書きで「Handed by Mr. Molotov to the Secretary of State 10 Feb.（二月十日　モロトフ〔外相〕から国務大臣に手渡される）」とメモ書きされており、ソ連側が作成して米英に渡したことを示している。

ここで注目したいのは、ソ連がドイツ降伏後、二カ月から三カ月で対日参戦し、その条件として、①外蒙古の現状維持、②日露戦争で失った領土と権利の回復、③千島列島の引き渡し、に分けられ、②のａでは南樺太はソ連に「返還される（should be returned）」とする一方、③千島列島は「引き渡される（should be handed over）」（ロシア語で「ペレダーチャ」）と、違う表現になっていることだ。南樺太と千島列島の領有を要求する草案を作成したソ連のスターリンが、日露戦争で日本が譲り受けた南樺太はソ連に「返還される」とし、日本領だった千島列島は一貫して「引き渡される」としたのは、旧ロシア領ではない千島列島の割譲が領有の法的根拠に乏しく、大西洋憲章やカイロ宣言で禁じた領土拡大に該当するという議論が起きることを懸念したからだろう。そこで「返還」ではなく、あえて「引き渡し」と表現を変えたと見られる。そのように書き分けた文面に、スターリンが深慮遠謀を施した形跡がうかがえる。

　ヤルタ会談は二月四日から始まり、同八日、対日参戦のヤルタ密約はスターリンがルーズベルト米大統領を訪ね、前述したとおり、チャーチル抜きで決められた。文頭にメモ書きされているとおり、ソ連側が起草した「草案」原文は、ウィリアム・ハリマン駐ソ米国大使を通じて会談最終日十一日の前日、十日にステティニアス国務長官らアメリカ側に提示されたのであろう。

　ハリマン大使の記録によると、たしかにチャーチルは密約協議に直接関わっていなかったが、戦後のアジア権益への関与を狙い、合意文書への署名を希望したという。このため、署名前に「草案」がアメリカ側からチャーチルにも渡された。それが英首相官邸からパブリック・レコード・オフィス（現在の英国立公文書館）に移され、保管されてきたのである。

「草案」には、中国の権益に関わる箇所に修正が加えられたが、千島列島が日露戦争で帝政ロシアが失った領土ではないことは議論されず、ソ連に引き渡されることになった。

　すでにソ連は、対日参戦の意思を一九四三年十月の米英ソ外相会談で示しており、翌十一月にテヘランで開かれた最初の米英ソの三巨頭会談で、対日参戦の条件として、帝政ロシアが日露戦争を終結させたポーツマス条約で失った領土と権益の回復を挙げ、南樺太や大連の租借権、満洲（中国東北部）の鉄道管理権などを要求した。大西洋憲章やカイロ宣言で「領土不拡大の原則」を確認していた米英側も、日露戦争の「失地回復」という大義名分から、ソ連の権益回復に理解を示した。

ところが、日独の敗色が濃厚となった一九四四年十二月、モスクワでヤルタ会談の準備協議を行なったスターリンは、ハリマン大使を通じて外蒙古の現状維持と合わせて、南樺太とともに千島列島を要求した。さらに前述したように、一九四五年二月八日、ヤルタでルーズベルトと協議した際に、南樺太に加え、千島列島を抱き合わせで旧ロシア領として割譲を求め、同意を得た。もっとも、ルーズベルトが了解したのはこのときが初めてではなかった。ヤルタ会談に参加したアンドレイ・グロムイコ駐米ソ連大使（のちにソ連外相）の回想録によると、ルーズベルトはすでにスターリンとの会談前に、南樺太と千島列島をソ連領とすることに同意する覚書を送っていたという。

ただし、千島列島は、一八五五年の日露通好条約でまず択捉・得撫島間に国境が引かれ、一八七五年の樺太千島交換条約で千島北東端の占守（しゅむしゅ）島までが日本領となった。このため日露戦争で失った南樺太とは一線を画す必要があったと見られる。千島列島は「引き渡される」と起草段階から区別していたのは、ソ連側が同列島を日本固有の領土と認識していた証左ではないだろうか。

ソ連スパイ、アルジャー・ヒスの工作

すでに触れたとおり、ソ連側が作成した「草案」では、南樺太がソ連に「返還される」と表記されていたのに対し、千島列島は「引き渡される」と記されていた。別の表現になっているのは、スターリンが千島列島は日露戦争で失われた領土ではなかったことを認めていたからだと考えるのが自然だろう。帝政ロシア時代から千島列島は日本の領土であり、これを日本から奪うことは、連合国内で議論が起きることを懸念したと思われる。そのため、「引き渡される」という表現で千島列島のソ連割譲を確実にさせたかったと見られる。ソ連作成のヤルタ密約草案は、スターリン首相自身がもともと帝政ロシア領ではないと見なした北方四島を米英のお墨付きを得て確信犯的に奪い取ったことを浮き彫りにしている。

ヤルタ会談の準備協議まで、スターリンは帝政ロシアが占有していなかった領土については要求しないと印象づけていたが、ヤルタ密約の「草案」で示した千島列島の「引き渡し」は、米英との最終合意案にそのまま記されたほか、「秘密協定が日本降伏後に実現されるように三巨頭が確約した」との一文を含めさせられた。ソ連側に譲歩しすぎではないかと、再

考を促したハリマンに対し、ルーズベルトはソ連の対日参戦の利益に比べれば、千島列島は小さな問題であるとして、これを退けたという。ソ連の対日参戦を優先させたルーズベルトがスターリンの領土拡大の野望を受け入れた結果、現代につながる北方領土問題が生じた。

ヤルタ会談当時、アルバレス病（動脈硬化に伴う微小脳梗塞の多発）で覇気を失っていたルーズベルトの体調はすでに正常な判断ができないほど悪化していた。ヤルタ会談の二カ月後、ルーズベルトは死去するが、スターリンはこうしたルーズベルトの健康状態を正確に把握していた。ルーズベルトの周辺には二〇〇人を超すスパイや工作員が潜入していたことが、米国家安全保障局（NSA）の前身である米陸軍情報部とブレッチリー・パークが共同でソ連の暗号を傍受・解読した「ヴェノナ文書」によって判明している。

ルーズベルトの側近として、ヤルタに同行したステティニアス国務長官の首席顧問、アルジャー・ヒスもその一人である。ヒスがソ連の軍参謀本部情報総局（GRU）のエージェント（スパイ）であったことは、英国立公文書館所蔵のMI5の秘密文書（KV2／3793）でも裏づけられている。MI5が一九五六年に作成した「ソビエト・インテリジェンス・アルバム」にはヒスの名前や職歴などが記されており、ソ連のスパイ活動を行なっていたと見なされていた。

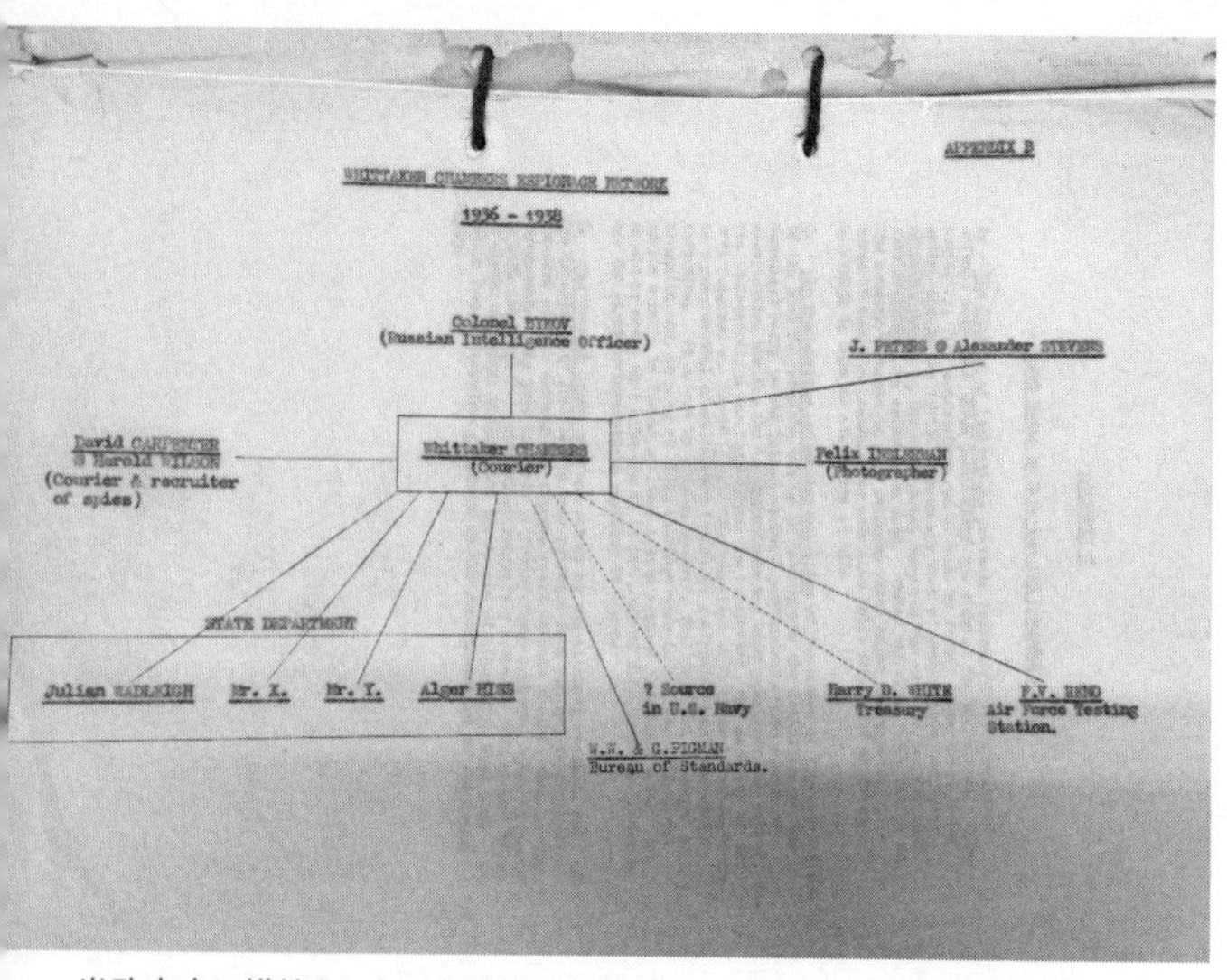

米政府内に構築されたソ連諜報活動網のチャート図(MI5作成)。エージェントの1人にアルジャー・ヒス(Alger HISS)が記されている(英国立公文書館所蔵)

ヒスは、ソ連の国家保安委員会(KGB)の前身、内務人民委員部(NKVD)の在米責任者、ボリス・ブコフ大佐がアメリカ政府内に構築したエージェントの一人であった。国務省内でヤルタ会談の準備を担当し、事前にアメリカ政府の立場に関する最高機密ファイルに目を通し、ヤルタ協定の「草案」作成にも関わった。会談前に米国務省は千島列島を調査し、一九四四年十二月に「南千島(歯舞、色丹、国後、択捉の四島)は日本が保持すべき」との極秘報告書を作成したが、ルーズベルトが読んだ形跡がない。ルーズベルトの側近であったヒスによって、会談前に参考にすべき文書から除外されたとする見方が有力だ。

「ワシントン・ポスト」紙の元モスクワ特派員マイケル・ドブズ氏の著書『ヤルタからヒロシマへ』(白水社)によれば、奇妙なことに、この極秘報告書はモスクワに渡り、スターリンがむさぼり読んでいたことが、ソ連側の公開文書で判明しているという。

宣戦布告なき「侵略」参戦

一九四五年八月八日午後五時(日本時間、同日午後十一時)、ソ連のモロトフ外相は、クレムリンを訪問した佐藤尚武(なおたけ)大使に宣戦布告文を読み上げ、手渡した。モロトフ外相が暗号を使用して東京に連絡することを許可したため、佐藤大使は直ちにモスクワ中央電信局から日本の外務省本省に打電した。しかし、外務省欧亜局東欧課が作成した『戦時日ソ交渉史』(ゆまに書房)によると、この公電は届かなかった。モスクワ中央電信局が受理したにもかかわらず、日本電信局に送信しなかったためだ。

佐藤大使からの公電が遮断されたため、日本政府がタス通信のモスクワ放送や米サンフランシスコ放送などの報道で、ソ連の宣戦布告を知ったのは日本時間の八月九日午前四時であった。すでにソ連の武力侵攻開始から、四時間が経っていた。日本政府がヤコフ・マリク駐日大使から正式な宣戦布告文を受け取ったときは、侵攻開始から三十五時間以上が過ぎていた。

ヤルタ密約に基づくソ連の対日参戦は、宣戦布告なしの参戦だったことは、英国立公文書館所蔵の文書（HW12／329）でも示されている。一九四五年八月九日、日本の外務省から、南京、北京、上海、張家口（当時モンゴル）、広東、バンコク、サイゴン、ハノイの在外公館にソ連の宣戦布告を伝える電報をイギリスのブレッチリー・パークが傍受、解読され、「ウルトラ」として保管されていた。

電報は、「ソ連は八月九日に宣戦布告した。正式な布告文は届いていないが、（日本がポツダム宣言受諾を拒否するなど、対日参戦の趣旨と理由を書いた）ソ連の宣戦文の全文と日本政府の声明がマスコミで報道された」などと書かれており、日本の外務省がソ連による正式な宣戦布告ではなく、マスコミ報道をベースにソ連の侵攻を在外公館に通知していたことがわかる。

日本は真珠湾攻撃で宣戦布告文書の手交が一時間遅れたため、「卑怯な騙し討ち」と非難されてきたが、ソ連は当時有効であった国際条約である日ソ中立条約を一方的に破り、宣戦布告なしに日本に侵攻している。日本政府は中立条約の相手であるソ連を信じて、アメリカをはじめとする連合国側との和平を斡旋してくれるように、最後までソ連を頼っていた。こうした日本の意図を十分に知りながら、ソ連は日本を欺いた。

日本がポツダム宣言を受諾し、降伏文書が調印された九月二日以降も、ソ連軍は戦いをやめず、北方四島などに侵攻を続けた。ソ連軍が戦闘を停止したのは九月五日だが、日本は最後までソ連に宣戦布告していない。

日ソ共同宣言に基づき「引き渡し」の議論を

ときたま「戦争で奪われた領土は戦争で取り返すしかない」という意見を耳にするが（日本の国会議員でも同様の発言をする者がいて問題になった）、戦後、太平洋で日本と死闘を行なったアメリカは小笠原諸島、沖縄を返還し、日本の同盟国となった。日本とソ連のあいだには、一九五六年に日ソ共同宣言が結ばれた。

ここで留意したいのは、ヤルタ会談から現在も続く北方領土問題でプーチン大統領は、安倍晋三前首相に続いて、菅義偉首相に対し、北方領土交渉の基礎として改めて提案しているのは、日ソ共同宣言であることだ。日ソ共同宣言でも「平和条約締結後にソ連は歯舞群島と色丹島を日本に引き渡す」と「返還」ではなく、「引き渡す」（ロシア語で「ペレダーチャ」）と記されている。ただし、プーチン大統領は、「引き渡す根拠や、どちらの主権になるかは明記されていない」と解釈し、歯舞と色丹の二島返還を素直に履行する意思を示していない。

それでは、「第二次世界大戦の結果、ロシア領になった」とロシアが北方四島領有を合法化する根拠と主張するヤルタ密約の「クリール諸島がソビエト連邦に引き渡される」はどう説明するのだろうか。ヤルタ密約と日ソ共同宣言の「引き渡し」は、奇しくもロシア語では「ペレダーチャ」で同じだ。ヤルタ密約の草案で「引き渡し」を用いたソ連は、日ソ共同宣言でも「引き渡し」の言葉を使用したとされる。

日ソ共同宣言に対するプーチン大統領の解釈でいえば、ヤルタ密約でも根拠を示していないのだから、千島列島の主権はソ連に移っておらず、いまだに日本の主権下にあることになる。

日本とロシアは首脳レベルで、このような法解釈に基づく「引き渡し」の根本的な議論を徹底的に行なうべきである。これこそ停滞する北方領土交渉打開の要となるだろう。

第8章

一人のカナダ人外交官をめぐる
ソ連の国際的謀略

なぜ謎の自殺を遂げたのか

東京・赤坂にある在日カナダ大使館の地下二階に、「E・H・ノーマン図書館」と名づけられた大使館付属の図書館がある。留学生のためのガイドブックもあってカナダに興味がある日本人には人気のスポットだ。大使館付属図書館に、なぜ「E・H・ノーマン」の個人名が付いているのだろうか。大使館のホームページによると、「2001年5月、カナダ大使館新庁舎開館10周年にあたり、生涯を通じてカナダと日本の人々の相互理解と友好促進に力を尽くしたカナダ人歴史学者・外交官、E・ハーバート・ノーマン(1909〜1957)を記念して命名され」たとのことだ。

たしかに、ノーマンは政治学者の丸山眞男らと親交があり、その著作に対する評価は、いわゆる進歩派知識人たちのあいだで高かった。母国カナダでは出版されていないのに、日本では全集も刊行されている。だが後述するように、ノーマンは「カナダと日本の人々の相互理解と友好促進に力を尽くした」と単純には評価できない「経歴」の持ち主である。

ノーマンは、カナダ人宣教師の息子として長野県軽井沢に生まれ、日本で育った。カナダのトロント大学ヴィクトリア・カレッジ、英ケンブリッジ大学トリニティ・カレッジを経て、一時カナダに帰国。その後、米ハーバード大学大学院に入学し、のちに駐日アメリカ大使に就任するエドウィン・ライシャワー教授の下で日本史を学んでいる。

同大学院を修了してカナダ外務省に入省すると、外交官として再来日したが、太平洋戦争が始まると、交換船でカナダに帰国。日本の敗戦後、再び来日し、GHQ（連合国軍最高司令官総司令部）の占領政策に深く関わった。日本語が堪能なノーマンは、ダグラス・マッカーサー連合国軍最高司令官の通訳を担当するなど、GHQの政策に強い影響力をもっていた。

しかし、東西冷戦下のアメリカにおいて、ノーマンに対し、共産主義者でソ連のスパイではないか、という疑惑がもち上がる。一九五〇年、カナダ外務省は一九四六年八月から駐日カナダ代表部主席を務めていたノーマンを解任する。カナダ外務省からカナダの国連代表に転じたノーマンに対し、米上院司法委員会国内治安小委員会が共産主義との関連を追及するのは、一九五一年八月からだ。カナダ政府は、ノーマンは共産党員でもソ連のスパイでもないとして、ニュージーランド高等弁務官、エジプト大使に転進させたが、一九五七年四月、カイロで謎の自殺を遂げた。

「ケンブリッジ・ファイブ」とのつながり

果たして真相はどうだったのか。英国立公文書館には、ＭＩ５が監視、調査したノーマンの個人ファイル（ＫＶ２／３２６１）が「共産主義者と共感者」のカテゴリーのなかにある。「カナダ人　コミュニスト（共産主義者あるいは共産党員）」と記され、ノーマンがＭＩ５から要注意人物としてマークされていたことがわかる。

ノーマンが、英ケンブリッジ大学に入学したのは一九三三年十月のことだが、三一あるカレッジのなかでも、俊英が集うトリニティ・カレッジに入った。同年、ドイツではヒトラー政権が誕生しており、ファシズムの脅威が拡がるなかで、再び世界大戦が始まる危機感から、少なくない学生が共産主義に救済の道を見出していたころである。

同ファイルには、ＭＩ５のガイ・リデル副長官が王立カナダ騎馬警察（ＲＣＭＰ）のニコルソン長官に宛てた一九五一年十月九日付の書簡があり、次のように記されていた。

一九三五年四月、われわれはロンドンで開催された「インド学生秘密共産主義グループ」の会議の報告を入手した。同会議の主催者のＢ・Ｆ・ブラッドレーはイギリスの共産主義者として知られているが、会議で「ケンブリッジ・グループ」について話し、E・ノーマンというカナダ人の僚友と連絡を取って接していると話した。彼（ノーマン）は、植民地関係（植民地の学生を共産主義活動に勧誘する）活動の責任者で、四人のインド人学生と接触し、四人は来学期から活動に加わることが期待される。

同年六月、ノーマンに関して、さらに詳しいレポートを受け取った。彼は「インド学生秘密共産主義グループ」を代表してインド人の活動（インド人学生の共産主義活動への勧誘）の責任者を務めていたが、学位を取得して今月、船でカナダに帰国した。

一九三六年七月と八月、B・F・ブラッドレーときわめて近しい仲間で共産主義者として知られるビクター・キールナンがノーマンと文通（関係）していることが判明。キールナンは共産主義者でインド人学生の仲間であるクリスタベル・ジョージの代わりにノーマンから、あるメキシコ人（学生）の名前を聞き出したいように思えた。（中略）ノーマンが一九三五年にイギリス共産党に深く関係していたことは疑いようがない。

このように、MI5はノーマンがケンブリッジに在学中の一九三五年の時点で、彼を共産主義者と見なしていた。同ファイルによると、ノーマンはケンブリッジ在学中、共産主義に感化され、インド人学生の勧誘を行なっていたことになる。また、「大英帝国のレーニン」を自称し、スペイン内戦に参加して戦死した共産主義者、ジョン・コーンフォードはノーマンの友人だった。

しかし、それから十六年後の一九五一年八月、米上院司法委員会国内治安小委員会が共産主義との関連を追及するまで、イギリス政府はそれらの事実を伏せていたことになる。英連邦の自治領（ドミニオン）だったカナダとの外交問題に発展することを懸念したと見られる。

ノーマンと同じころにケンブリッジ大学に在学していた者からは、何人もソ連のスパイになった事例があった。一九五一年五月、ノーマンと同じころにケンブリッジ大学トリニティ・カレッジを卒業した英外務省高官のガイ・バージェスとドナルド・マクリーンが失踪（ソ連に亡命）する事件が起きた。この二人に加えて、「未来のＭＩ６長官」と謳（うた）われたキム・フィルビー、英王室美術顧問でＭＩ５に勤務していたアンソニー・ブラント、大戦中は暗号解読などを行なったブレッチリー・パークで分析官を務め、外務省、財務省に勤務したジョン・ケアンクロスらは、ソ連のスパイ網「ケンブリッジ・ファイブ」のメンバーであるとの疑惑が浮上していた。ＭＩ５が、ノーマンがそこにつながる「ケンブリッジ・グループ」の一員であるとの疑いを強めたのは、ジョン・コーンフォードを通じてつながっていたのではないか、と見なしたからだ。ＭＩ５が同年九月十二日に作成した書簡草案には、カナダ政府に通報する意義を「ノーマンは共産主義者との関連性を追及されているようだが、当サービス（ＭＩ５）が保有している初期の証拠は疑惑解明に光明となる」と記している。

こうした「赤い疑惑」に対して、カナダ外務省は一九五〇年十月から数度、ノーマンを尋問するが、ノーマンは一貫して否定し続けた。その言葉を信用して、カナダ外務省は前述のように海外の大使館にノーマンを転出させた。しかし、ハーバード大学時代からノーマンと親交を重ねた都留重人を取り調べたＦＢＩ調査官は、米上院司法委員会国内治安小委員会でノーマンは「共産主義者のスパイ」であるとの疑惑を述べた。その後、すでに記したように、ノーマンは一九五七年に赴任先のカイロで謎の自殺を遂げることになる。

トロント大学のジェームス・バロス教授が、カナダやアメリカの情報機関の機密文書を渉猟（しょうりょう）して著した『No Sense of Evil: Espionage the Case of Herbert Norman』によると、ノーマンは「ケンブリッジ・ファイブ」のメンバーであるバージェスと親しく、卒業後も連絡を取り続けたという。また、同じく「ケンブリッジ・ファイブ」のメンバーであるブラントは、「ノスパイ発覚後もソ連に亡命せず、イギリスに留まったが、一九六四年にＭＩ５に対して「ノーマンはわれわれ（五人組）の仲間だった」と告白したという。だが、現在に至るまでカナダ政府は、ノーマンの共産主義やソ連との「関係」について認めていない。

日本を断罪したノーマン理論

ノーマンの日本に対する関与は、一九四五年八月二十五日に来日してから翌四六年八月にカナダ代表部首席となるまでのおよそ一年間、GHQで民間諜報局（CIS）、対敵諜報部（CIC）の調査分析課長を務めていた時期に行なったことに集約される。ノーマンは、マッカーサー最高司令官が最も信頼していたアドバイザーの一人であった（マッカーサーと昭和天皇との有名な会見の通訳を務めたのもノーマンである）。

GHQで当初、主導権を握ったのが、ルーズベルト前大統領のニューディール政策を支持するニューディーラーたちだった。コートニー・ホイットニー准将率いる民政局（GS）がその中心で、同局のチャールズ・L・ケーディス大佐らは日本を二度と戦争ができない国にするため、経済力を弱めるだけでなく、日本人の精神構造を変えることをめざした。そのような日本の弱体化を目論む彼らの「民主化」の理論的根拠となったのが、ジャパノロジスト（日本研究家）として当時、最も権威のあったノーマン理論だった。

ハーバード大学の博士論文として執筆し、研究員として勤めていた「反日親中」のシンクタンクだった太平洋問題調査会（ＩＰＲ）から、一九四〇年に都留重人の推薦で出版した『日本における近代国家の成立』（岩波文庫）では、戦前の日本は封建的要素が残る歪な近代社会と指弾され、日本が中国大陸で戦争をしているのは、日本が明治維新後、一貫して専制的な軍国主義国家であったからで、悪いのはすべて日本であるという論調で断罪されていた。

さらに日米開戦後の一九四三年、ＩＰＲから刊行された『日本における兵士と農民』（邦訳は一九四七年、白日書院）では、日本共産党の講座派マルクス主義理論を援用して、明治以降、国家が日本人民を弾圧する残虐な軍国主義国家であったかのように描き、戦争に勝利するだけでは不足で、日本の国家体制を解体し、アジアの人びとや日本人民を解放する責務がアメリカにはあると説いた。

マルクス主義の観点から、明治維新と日本の近代化を糾弾するこうした言説が制裁的占領政策を進めていたニューディーラーたちに支持され、ノーマンの著書は日本敗戦後、日本のことをまったく知らないＧＨＱ職員たちのいわばバイブルとなり、占領政策に大きな影響を与えた。戦前の日本を遅れた暗黒時代と規定するノーマンの視点は日本の戦後教育そのものだが、そのような自虐的な史観を植えつけた一人がノーマンにほかならない。

近衛を戦犯として告発、自殺に追いやる

ノーマンは、公職追放でも民政局のケーディス次長の右腕として関わった。GHQは一九四五年十月四日の指令で、内務大臣、警察幹部、特高警察の罷免を指示。さらに政治家、官吏、教員から地方政界、財界、言論界まで二〇万人以上の日本人を公職から追放。対象者の人選にはケーディスが核となり、ノーマンのほかに都留重人、羽仁五郎が協力したといわれる。

参謀第二部（G2）部長のチャールズ・A・ウィロビー陸軍少将は、『GHQ知られざる諜報戦』（山川出版社）で、「その過程（公職追放）でGSとG2との対立は最高潮に達した。というのも、GSは〝民主化〟という口実のもとに、彼らが行おうとしていた〝左寄り〟とも思える政策の邪魔になる人間を次から次へと追放してしまったからである。日本人からもアメリカ人からも、そしてGHQの内部からも『GSは日本の最良の頭脳を取り除いてしまった』という批判の声が高まった。とりわけGSの次長ケーディス大佐に対する非難はとみに高くなっていた」と回顧している。

ノーマン理論に基づく占領改革は、日本共産党を「民主主義勢力」と見なした。同年十月

十日、東京・府中刑務所に服役していた共産党幹部を釈放したのを皮切りに、教育界と産業界、メディアにおいて共産勢力の台頭をもたらし、占領下の日本は、あたかも革命前夜の様相を示すようになった。戦前、帝国大学では、天皇制反対を唱えた左翼系学者は職を追われたが、占領下に多くの帝国大学教授が追放されたため、退職していた人たちが戻ってきたのである。そうして空いたポストを戦前の左翼およびそのシンパが占めた。

さらにノーマンは、近衛文麿と木戸幸一をA級戦犯指名するにあたり、起訴するために意見書をまとめた。ノーマンは木戸と姻戚関係にあった都留から情報を得て、一九四五年十一月五日と八日に「戦争責任に関する覚書（メモ）」を作成してGHQに提出するが、共産主義を警戒する近衛への非難が強かった。

十月に近衛はマッカーサーから新憲法起草を指示されており、戦犯の指名を受けるはずはなかったが、十二月六日「A級戦犯」として逮捕令状が出され、近衛は出頭期日の十二月十六日、命を絶った。ノーマンが近衛の戦争犯罪を糾弾する報告書を十一月五日に提出し、近衛を戦犯指名するように働きかけたためといわれる。終戦前、ソ連と「共産革命」の危険性を上奏した近衛を自殺に追いやることに、ノーマンは一枚嚙んだことになる。

日本国憲法の制定にも関与

ノーマンは日本国憲法の制定にも関わっている。一九四五年九月、ノーマンは都留とともにマルクス主義者で在野の憲法学者である鈴木安蔵(やすぞう)を訪ね、憲法草案の作成を働きかけた。一九二六年一月、最初の治安維持法逮捕事件となった京都学連事件（京都帝国大学や同志社大学などで、マルクス主義者が弾圧された事件）で検挙された鈴木（当時京都帝大生）は、戦前からノーマンと交流があった。鈴木は、天皇制廃止を主張していた元東京帝国大学教授で、戦後はNHK会長も務めた高野岩三郎(いわさぶろう)と憲法研究会を結成。四五年十二月二十六日に政府の改正草案より一カ月も早く憲法草案要綱を発表する。この草案を評価したGHQが最終草案にそれを取り入れたとされることから、日本国憲法の思想のオリジナルは日本側にあり、GHQから押しつけられたものではないという主張がある。

しかし、ノーマンは天皇制の廃止を求めていた。鈴木が回顧したところによれば、ノーマンに「きみたちの憲法草案も共和制ではないが、どういうわけだ」と質問され、「いまの状態でいきなりそれをもちだしても国民的合意を得ることがむずかしいからだ」と答えたところ、「いまこそチャンスなのに、またしても天皇が存在する改革案なのか」と反論されたという（遠山茂樹編『自由民権百年の記録』三省堂）。ノーマンが重視したのは、第一条の「天皇は日本国の象徴であり、（中略）この地位は、主権の存する日本国民の総意に基づく」の部分で、「国民の総意」を口実に天皇制をいつでも廃止できるようにしたといわれる。いうまでもなく天皇制廃止は、ポツダム宣言受諾の条件に反するが、それはコミンテルンの戦略目標であった。

前述したように、一九五〇年に入ると、ノーマンに対してソ連のスパイ、共産主義者という疑惑がもち上がり、その学問的影響力も失われるかと思われた。しかし、『敗北を抱きしめて』（岩波書店）などの著作で知られる米マサチューセッツ工科大学のジョン・ダワー名誉教授がノーマン理論を再評価するかたちで受け継いでおり、いまなお一定の影響力があるといえるだろう。だが、ノーマンが唱えたように天皇制の廃止に至らなかった日本と、君主制が消滅した共産主義のソ連ないし中国とを比較した場合、どちらがより民主化を達成したといえるのか。鬼籍に入ったノーマンはどう考えているのだろうか。

第9章

対日政策で共産主義者と連携したGHQ

マルクス主義者のニューディーラー

ＭＩ５のノーマン・ファイルには、ノーマンが自殺する一カ月前の三月十二日、米上院司法委員会国内治安小委員会において、ＧＨＱで政治顧問を務め、ノーマンの同僚だった米国務省の外交官、ジョン・エマーソンが証言した記録もある。エマーソンが証人として喚問されたのは、ノーマンが否定する「赤い疑惑」の真相を明らかにするためであった。

エマーソンは、占領初期は政治顧問として、対敵諜報部に所属。エドウィン・ライシャワーが駐日米国大使を務めていた一九六二年から米大使館でナンバー２（首席公使）を務めた人物である。二・二六事件が起きた一九三六年から四一年までと、終戦直後の四五年から四六年、さらに六二年から六六年まで三度日本に駐在した日本専門家である。知日派であるが、ノーマンと同様、決して親日派とはいえない人物であろう。エマーソンはジャーナリストの大森実に、「ルーズベルトとニューディールの支持者だった」（大森実『戦後秘史４　赤旗とＧＨＱ』講談社文庫）と打ち明けており、多くの初期のＧＨＱの幹部と同様、マルクス主義に傾倒したニューディーラーだった。

米上院司法委員会国内治安小委員会に証人として喚問された際、エマーソンはロバート・

モリス首席顧問の質問に応じて、一九四四年十一月七日付で延安からワシントンの統合参謀本部と重慶の大使館に送った「対日政策に関する提案」と題した「延安リポート」の一部を読み上げた。

岡野進（野坂参三の変名）と（中国共産党の協力で日本軍捕虜に反戦教育を施した組織）日本人民解放連盟の活動の短期の研究から、「彼らの経験と成果を対日戦争の遂行を有利にするために利用できる」と確信した

また、その理由として、次のように述べた。

彼らが共産主義者の組織であることは知っていた。ただ捕虜たちが喜んで反軍国主義や反体制（反日）活動に参加するまで吹き込み（洗脳）に成功していることから、彼らの（成功を）利用するのは可能なことであり、我々（米国）の対日政策に貢献するからだ

エマーソンは、延安で中国共産党の下で野坂たち日本人が日本軍捕虜を「反日」に改造し

た洗脳工作の成功に驚き、アメリカの対日政策に取り入れたことをはっきり認めて証言していたのである。

また、対日政策で野坂ら共産主義者と連携したことを、エマーソンは次のように弁明した。

究極の共産主義の目的は、民主主義とは異なることは十分承知していた。しかし、大戦中、さらに戦後に共産主義者たちと協力、連携することの危険性を認識しておらず、この委員会でも述べていない。ただし、あの頃（戦中から戦後）は、数多くの人たちは共産主義者たちが戦後の日本で連立政権に入ることが望ましいと考えていた。多くの軍人たちや高位な政治家も共産主義者たちと協力できると考えているのが一般的だった。私たちはずっと後になって、共産主義者と連立政権を組むいかなる協力もとても危険だということに気づいた。（共産主義者と協力できると考えていたのは）ソ連が対日参戦する前までのことだ

ここでエマーソンは初期のＧＨＱが「共産主義者が戦後の日本で連立政権に入ることが望

ましい」と考えるほど、日本共産党の共産主義者たちと手を握って協力したことを認めている。また日本を中国のように共産化する構想をもっていたことすらうかがえる。

近現代日本史家の鳥居民氏は『近衛文麿「黙」して死す』で、エマーソンがノーマンと府中刑務所を訪れ、徳田球一と志賀義雄に釈放が近いと告げた際に、「のちにエマーソンは懸命に否定することになるのだが、府中の往復のあいだの車中で、いや、そのあとも、かれとノーマンは釈放させた志賀と徳田がつくる共産党、さらには創設されようとしている加藤勘十を中心とする社会党の二つの政党に人民戦線を結成させて、封建勢力を粉砕し、天皇制度も打倒するのだといった構想を語り合ったはずであった」と書いている。

延安に注がれたアメリカの熱い視線

大戦末期の一九四四年後半、アメリカと中国共産党は異例の蜜月状態にあった。アメリカは同年七月から年末まで中国共産党が抗日、革命運動の聖地としていた陝西省延安に軍事視察団を派遣した。毛沢東や周恩来ら党の幹部はこれを歓迎し、軍事機密など貴重な情報を提供した。

米軍事視察団の延安派遣が実現したのは、ヘンリー・ウォーレス副大統領が同年六月、重慶を訪ねて、派遣に反対する国民党政府の蔣介石の説得に成功したからである。この背景には、ＯＷＩ（米戦時情報局）の要員として重慶に派遣されていたジョン・エマーソンと、ＯＳＳ（米戦略情報局）の要員として重慶に来ていた国務省中国派のジョン・スチュアート・サービス、ジョン・デービスの存在があった。「三人のジョン」は延安の毛沢東の実力を評価して、「中国共産党が把握する日本軍の情報を収集すべき」との報告書を書いていた。それがホワイトハウスで注目され、ルーズベルト大統領が毛沢東の力量を認識することになった。

「ディキシー・ミッション」と名づけられた使節団のなかでも、エマーソンらＯＷＩ要員は、共産党軍主力である八路軍（はちろぐん）の日本軍捕虜の扱いや、岡野進（野坂参三（さんぞう）、のち共産党第一書記）主導で日本軍捕虜に対して行なわれていた宣撫（せんぶ）工作に注目した。とりわけ同年十月から十二月まで延安に滞在したエマーソンは野坂に密着した。

日本軍の特攻作戦や玉砕戦術で大きな被害を受けたアメリカは、日本軍の抵抗を少なくして戦争を終わらせる対策として、心理戦争を模索していた。エマーソンらは、延安で八路軍が捕らえた多くの日本軍捕虜に対し、野坂らが日本労農学校で反戦教育を施したあと、その卒業生によって組織された日本人民解放連盟による洗脳が実施された結果、日本軍兵士が

「反軍国主義」「反日」の思想に改造され、贖罪(しょくざい)意識をもつ者に転向していたことに驚いた。日本人民解放連盟は八路軍敵軍工作部と表裏一体であり、彼らの工作は中国共産党によるものだった。

ＯＷＩは、こうした中国共産党による対日プロパガンダや日本軍捕虜に対する洗脳の実態を七一号に及ぶ「延安リポート」としてワシントンに送った。エマーソンは、その主要な執筆者の一人だった。

『延安リポート』（山本武利編訳、岩波書店）によると、中国共産党の八路軍の捕虜となった九八人の日本兵士に対して米側が行なった「意識調査」では、戦争や天皇制を否定する声が九割を超えた。調査を担当したエマーソンは「平均的日本人兵士の信念と態度がシステマティックな教化によって変えられることの一つの証明である」と評している。

毛沢東の二分法プロパガンダ

エマーソンらが学んだ中国共産党の日本軍捕虜に対する洗脳工作の手法は、侵略への贖罪意識を植えつけるもので、日本軍国主義者と日本人民を区分する「二分法」である点に特徴があった。中国共産党による捕虜の扱い方は一見、人道的だが、その根底には日本兵や日本人に、戦争を遂行する指導部を憎悪させ、「消極的な厭戦気分から積極的な反戦意識」をもつように教化するための冷徹な計算があった。

中国共産党は初期の日本軍捕虜への教育を通じて、天皇批判のプロパガンダは大きな反発を招くため、避けるべきであるということを学んでいた。そこで本来ならば天皇に該当する批判の対象を軍国主義者に置き換え、軍国主義者への批判と人民への同情を捕虜に刷り込むプロパガンダ工作を繰り返した。日本軍捕虜に「いかにして自分は軍国主義者に騙されたか」を認識させ、侵略者としての罪悪感や贖罪意識を植えつけるためである。

こうした「二分法」は、共通の敵を打倒するため連帯できる諸勢力と共闘するという毛沢東の理論そのものであった。中国共産党と中国政府は、戦後七十年以上にわたり、一貫して少数の軍国主義者と大多数の日本人民を区分する対日政策を取ってきた。一九七二年の日中国交正常化でも中国内の反日感情を抑制し、日本から支援を得るための説明にもこの「二分法」は使われた。

ちなみに、洗脳（Brain washing）という言葉が広く知られるようになったのは、一九五〇年から始まった朝鮮戦争が最初である。中国人民志願軍はアメリカ軍捕虜を共産主義者に改造する洗脳工作を行なった。その原型は、延安で中国共産党が日本軍捕虜に対して行なった思想改造にあった。

エマーソンが延安を訪問した一九四四年十一月は、日本本土への戦略爆撃が始まり、対日戦が最終局面を迎えつつある時期であった。ワシントンに戻ったエマーソンは、延安での収穫をもとに対日プロジェクトを考案する。「二つの目的だけを考えていた」「一つは、日本に降伏を勧告するための宣伝で、もう一つは、戦後に対する心理作戦だった」(『戦後秘史4 赤旗とＧＨＱ』)。

エマーソンは、日本に抵抗なく早期降伏させようと、アメリカ軍が獲得した日本軍捕虜をテキサス州に集めて反戦教育を行なう公然の反戦宣伝組織をつくる計画を立てた。国務省と統合参謀本部の承認も得たが、日本がポツダム宣言を受諾したために実現しなかった。

もう一つは、野坂参三に加えて、中国で反戦活動を行なっていた共産主義者の鹿地亘(かじわたる)やアメリカに亡命した社会運動家の大山郁夫ら、海外の反体制日本人を糾合した反戦組織を結成する計画であった。しかし大山の反対で頓挫したという。

天皇の力を利用する「二段階革命論」

戦争が終わると、米国務省から真っ先に東京に派遣されたエマーソンは、上司のジョージ・アチソン、同僚のジョン・サービスらと、ＧＨＱでマッカーサーの政治顧問付補佐官として対日政策の参謀役を務めた。その後、「外交部」と呼ばれる総司令部内の国務省スタッフは皆、大戦中に重慶で行動を共にした「中国派」であった。エマーソンらは延安の中国共産党を高く評価し、民衆の支持を得た民主的な党だと信じていたが、封建的、軍国主義の日本を延安の共産党政府のような「民主主義の国」にすべきと考え、それまで日本にあったすべてを破壊することを望んでいた。

天皇を「象徴」として、戦後政策のシンボルとして利用するのは、エマーソンやノーマンが属していたＯＳＳ（戦略情報局）が一九四二年に情報工作の一環として立てた方針である。加藤哲郎著『象徴天皇制の起源』（平凡社新書）によると、同年六月三日付で米陸軍省心理作戦課の大佐が起草した「日本計画（最終草稿）」で、天皇制を打倒するよりも、その伝統の力を利用して国内を対立させ、日本の軍事力の膨張を抑える作戦を立てたという。

野坂参三の天皇論は「日本革命の二段階論」と国務省ではいわれ、ＧＨＱの重要条件になった。初期のＧＨＱの政治改革とは、野坂とＯＳＳが仕掛けた「共産革命」だったといってもいいだろう。ＧＨＱが行なった日本での政治改革は、「民主化」という名の「共産主義」政策であった。

こうした野坂の考え（二段階革命論）についてエマーソンは戦後、興味深い見方を示している。野坂の構想以上に、初期のGHQによって改革（革命）が進められたというのだ。

この時点で野坂がいかに想像力をたくましくしても、後にマッカーサー革命によってなしとげられた電光石火の改革、時には彼自身の願望を上回るような改革を思い浮かべることはできなかったであろう（ジョン・エマーソン『嵐のなかの外交官』朝日新聞社）

実際に、ノーマンら初期のGHQと日本共産党が蜜月関係にあったことは間違いない。一九四五年十月五日、ノーマンとエマーソンは府中刑務所を訪問し、志賀義雄と徳田球一ら共産党幹部の政治犯にGHQ指令での釈放を伝えている。そして同月七日、九日と志賀、徳田らを府中刑務所から東京・日比谷の司令部まで軍の幕僚用の自動車で連れ出して尋問し、GHQに反対する人名と背景を聞き出す。共産主義者に共感するノーマンらは、共産主義者が右翼と軍国主義者に関する政治情報を最ももっていると考え、彼らの情報を戦犯指定や公職追放など占領政策に利用したのだ。

志賀と徳田は府中刑務所から出獄した同年十月十日、占領軍を「解放軍」と規定して、占領軍に対する感謝の意を表した。共産党は同年十一月に合法化して復活。ノーマンとエマーソンが日本共産党再建を後押しした格好となった。英国立公文書館所蔵のMI5のノーマン・ファイルにエマーソンの米上院での供述記録が含まれているのは、GHQにおける占領政策で二人が日本を赤化させる工作を果たしたとMI5が判断していたからであろう。

「閉された言語空間」

エマーソンは野坂、鹿地ら共産主義者の協力で戦後の心理作戦計画を進め、トルーマン大統領の「降伏後における初期の対日政策」に影響を与えたが、これは戦後の日本のあり方に大きな意味をもつ。

大戦が終結すると、GHQは占領下日本で検閲を周到に準備し、実行した。一九四五年九月に、報道を厳しく制限する「プレスコード（新聞綱領）」を定め、新聞や出版社などの言論を統制し、一般国民の私信まで検閲を行なった。それは日本の思想と文化を殲滅（せんめつ）するためで、自己破壊の心理に陥った日本人による新たなタブーが生まれた。

九月二日には、「日本人の各層に、敗北と戦争を起こした罪、現在と将来の日本の苦難と窮乏に対する軍国主義者の責任、連合国による軍事占領の理由と目的を周知徹底する」との一般命令第四号を出した。

十二月八日からGHQの民間情報教育局（CIE）は全国の新聞に『太平洋戦史』を掲載させ、同月九日からラジオ番組『真相はかうだ』を放送させた。戦勝国の歴史観を反映した宣伝文書と放送で、『太平洋戦史』を学校の教材として使用することを強要して日本国民の思考を解体し、自虐的な史観を浸透させた。

「大東亜戦争」の名称を公的に使用禁止にした『太平洋戦史』では、冒頭から「日本の軍国主義者が国民に対して犯した罪は枚挙にいとまがない」と「真実を隠蔽（いんぺい）した軍国主義者」と「大本営発表にだまされた国民」を二分して対峙させ、日本が非道極まりない国だったと国民に刷り込んだ。それは現在に続く「神話」となっている。ここでは戦争を始めた罪に加え、日本人に知らされなかった歴史の真相として、南京とマニラにおける日本軍の残虐行為が強調された。中国が日本を断罪する南京大虐殺のキャンペーンはここから始まるのである。

これを文芸評論家の江藤淳は『閉された言語空間』（文春文庫）で、「悪い『軍国主義者』と悪くない『国民』を二分に区別して洗脳する心理工作」と規定し、「『日本の軍国主義者』と『国民』とを対立させようという意図が潜められ、（中略）日本と米国とのあいだの戦いであった大戦を、現実には存在しなかった『軍国主義者』と『国民』とのあいだの戦いにすり替えようとする」と指摘。「軍国主義者」と「国民」の架空の対立図式を導入して、「大都市の無差別爆撃も、広島・長崎への原爆投下も、『軍国主義者』が悪かったから起った災厄」であるとして、アメリカの戦争責任を「軍国主義者」に押しつけたと述べている。

アメリカは占領下で、エマーソンらが延安で学んだ軍国主義者と人民を区分する「二分法」による洗脳の手法を、日本が二度と白人国家に立ち向かうことがないように占領政策に活かしたと筆者は考える。江藤が指摘したようにWGIP（ウォー・ギルト・インフォメーション・プログラム、戦争についての罪悪感を日本人の心に植えつけるための宣伝計画）を通じて、日本民族から独立心を奪う狙いがあったのだろう。そして戦争犯罪の責任を日本国民に植えつけ、東京裁判を正当化した。言い換えれば、GHQの占領政策そのものがWGIPであったともいえる。

反日プロパガンダを招く

一方で、日本人自身が贖罪意識を過剰に受け入れた側面も否定できない。延安における反戦日本兵の育成は日本軍の士気を弱め、徐々に厭戦感を強める効果があった。占領下では、大戦中に洗脳された捕虜や知識人が道具として利用された。山極晃（やまぎわあきら）『米戦時情報局の「延安報告」と日本人民解放連盟』(大月書店)によると、エマーソンは、「改造された日本人のグループは宣伝の目的のためだけでなく、日本の平定と戦後日本の処理において、われわれの責任に含まれるより重要な任務のためにも役立つであろう」と報告し、日本国内に地下組織をつくり、占領期に米軍軍政要員と協力する日本人の訓練を提案する覚書を書いている。

この提案どおり、GHQは進駐前に「民主化」という名の「共産化」に協力する共産主義者らを事前に調査して「友好的日本人」のリストを作成していた。そして進駐と同時に、CIEの指導で歴史研究の学術団体と協力して「太平洋戦争史観」と「マルクス主義史観」を合体させた「戦後教育」が始まるのである。またGHQは新聞や雑誌、ラジオを検閲し、書き直させたり、発禁処分にしたりして「偏向報道」させたが、その検閲には数千から一万人の日本人が協力し、その後、彼らはメディアや官界、大学などで活躍した。

占領終了後は、洗脳工作を受けた一部の政治家やジャーナリスト、学者が反日プロパガンダに利用された。「河野談話」「村山談話」に見られるように日本人が過剰に自己否定した結果、自虐史観が蔓延し、現在も続く中国、韓国による反日プロパガンダを招いたといえる。

おわりに　インテリジェンスのDNAを呼び覚ませ

米中覇権争いが熾烈を極め、かつてなくインテリジェンスへの関心が高まっています。核による軍事衝突の脅威が遠のいた半面、「経済を使った戦争」が主流となり、安全保障上の機密情報だけではなく、政府や企業が保有する先端技術など経済に関わるインテリジェンスをめぐる角逐が増すなかで、英国は日本を、米英などアングロサクソン系の英語圏五カ国（米英のほか、加、豪、ニュージーランド）の機密情報共有の枠組み「ファイブ・アイズ」に参加させる意向を表明しています。ボリス・ジョンソン首相は二〇二〇年九月、英議会で「（日本の加盟を）歓迎する」と前向きな発言をしました。

戦後、先進国で唯一、対外情報機関をもたない日本では、情報が「上がらず、回らず、漏れる」といわれてきました。情報が官邸に適切に伝わらず、関係機関に共有されず、外部に漏洩してきたからです。そこで安倍晋三政権時代に国家安全保障会議（NSC）と司令塔となる事務局である国家安全保障局（NSS）が創設され、他国との情報交換の前提となる情報保全を定めた特定秘密保護法も成立させました。北村滋前国家安全保障局長は、「先端技術の進歩等も含め、情報収集体制は強化されている」(『中央公論』二〇二一年九月号)と述べています。

ただ、NSCの情報収集は既存の各省庁に任せられます。各省庁が省益を排して国益のためにどれだけ情報を上げられるか。縦割り意識を脱し、情報共有を促進するため組織横断的な協力がどこまでできるかが課題です。

北村氏は、「政治主導により、縦割りの弊害の排除も進みました。(中略)インテリジェンス・コミュニティを構成する各情報機関に対して明確に情報関心が提示されるようになったことが大きい」(同誌)と、公安調査庁などの機関が政策決定者の意向を踏まえて有機的かつ効果的な情報収集ができるようになったとしています。また、NSSに経済班を設置して、主戦場となった先端技術を育成したり、外国に流出しないように保全したりする経済安全保障政策を始めています。その一方で北村氏は、「安全保障体制、情報体制の整備が十全かといえば決してそうではない」(同誌)とも打ち明けています。本格的なインテリジェンス強化には、対外情報機関(日本版CIA)や情報を集約し分析する合同情報委員会(日本版JIC)の創設が必要です。

しかし、「中国が六年以内に台湾を侵攻する可能性がある」（米インド太平洋軍のデービッドソン司令官）と台湾危機を懸念する声が急速に高まり、その「最前線」に立たされる日本は、対外情報機関の新設を待たずに、既存の情報機関を強化する方向で「ファイブ・アイズ」に一刻も早く入るべきです。日本には、公開情報を収集、分析するオシントによる情報の解読で米英などとギブアンドテイクで貢献できる能力があるからです。

それだけに情報を扱う適格性を評価する「セキュリティ・クリアランス制度」や言論の自由を最大限尊重し、国民の理解を得る議論を重ねたうえで、機密漏洩に対する罰則を強化するスパイ防止法など、情報保護体制の法整備はできるところから取り掛かるべきでしょう。NSCなど「器」は設けられたものの、肝心の人材は外務、防衛、警察などの省庁からの寄せ集めです。将来的には、「ヤルタ密約」情報をもたらした小野寺信少将のような「人間力」に富む自前のインテリジェンスオフィサーを年月をかけて養成してほしいと願います。

そこで参考になるのが戦前の日本のインテリジェンスです。

第2章で記したシンガポールを陥落させた日本の「第五列」などの諜報活動は、インテリジェンス大国の英国を驚嘆させ、第3章のインド国民軍（ＩＮＡ）を創設してチャンドラ・

英国立公文書館（筆者撮影）

ボースとともに戦った「F機関」の藤原岩市中佐の工作が、インド独立などアジアの植民地支配からの解放につながりました。第4章で紹介した終戦直前にダブリンとカブールからの「国体護持ができること」を伝える電報が、昭和天皇の聖断の判断材料になったとすれば、外交官として卓越した情報収集の成果だったといえます。

第5章で説明したとおり、小野寺少将が入手した「ヤルタ密約」情報は、国家存亡の危機に瀕（ひん）した日本を救おうとするポーランドからの最後にして最大の贈答でした。六〇〇〇人のユダヤ人を救ったカウナス領事代理だった杉原千畝の「命のビザ」や、小野寺が大物情報士官であったリビコフスキーをゲシュタポから匿い続けたことなどへの謝意が込められており、当時日本の交戦国だったポーランドと濃密なインテリジェンス協力があったことは、世界史的に意義があります。

小野寺のみならず、杉原らもドイツのソ連侵攻を予測するなど人的情報収集力はかなり高いレベルにありました。またポーランドの技術協力によって陸軍の暗号解読能力は高く、解読が困難とされた米国のストリップ暗号やソ連の複雑な暗号も解読していました。戦前は、日本は英国、ソ連と並ぶ世界的に高度なインテリジェンス能力があったといえます。

ところが、第6章で指摘したように、大戦末期の日本では、「現場」で入手した輝かしい情報が作戦や政策に活かされることはありませんでした。小野寺が打電した「ヤルタ密約」情報が黙殺されたのはなぜか。よりによって日本政府は、連合国に対日参戦を確約したソ連にすり寄り、内大臣の木戸幸一が起草した試案をもとにソ連を仲介とする和平工作を進めていたからです。

この背景には、陸軍参謀本部ではエリート集団の作戦部がまず立案した作戦計画があり、その計画に適合した情報部の情報だけが評価され、情勢判断に採用される「作戦重視・情報軽視」という組織の弊害があったことと無縁ではありません。さらに政権中枢でソ連コミンテルンによる「敗戦革命」工作を許した結果、ソ連参戦情報がソ連仲介を決めた政権にとって「不都合な真実」となり、乾坤一擲のインテリジェンスが抹殺され、終戦が遅れる事態を招きました。国家の頭脳となる中枢が客観的判断力を欠き、「現場」の情報を活かせなかったことは、日本型官僚組織が「機能不全」に陥っていたことを示しています。

このように硬直化した官僚組織の弱点を突いたのがソ連でした。第7章で説明したとおり、スターリンはヤルタ会談にもスパイを送り込み、米英との「密約」などで謀略を仕掛けて、一度たりとも他国の領土となったことがない日本固有の領土、北方四島を不法に奪取し、現在に至ります。会談直後から、米英はソ連の四島領有の法的有効性に疑念をもっていました。北方領土問題の原点はヤルタ会談にあります。行き詰まった領土交渉の局面打開のため、「ヤルタ密約」の法的有効性の論議に立ち戻ってほしいと念じます。

慙愧(ざんき)に堪えないのは、第8、9章で指摘したように、戦後のGHQの占領政策にもコミンテルンの工作が及び、マルクス主義に傾倒したニューディーラーらが日本国民に自虐史観などを植えつけ、その影響がいまなお消えないことです。

世界初の情報士官養成所「陸軍中野学校」を開設した日本には、インテリジェンスの潜在能力があります。中国とロシアがサイバー空間を含む世界で容赦のない情報戦を展開する現在、戦前の日本のインテリジェンスのDNAを呼び覚まし、縦割りを打破して情報を活用できる組織づくりが焦眉の急です。

さらに、日本のインテリジェンス向上には、現場、メディア、アカデミズムの壁を取り払うべきと考えます。本書の「はじめに」で述べたように、英国立公文書館所蔵の第一次資料は、「みんなの共有財産」です。三者が垣根なく相互交流し、情報共有して相対的にインテリジェンス力を高めている英国を見習い、官民学が一体となり、「ファイブ・アイズ」と手を携え、日本の安全と国益を守ってほしいと、泉下の小野寺や藤原たちも願っていることでしょう。

筆者が英国立公文書館に通い続けるのは、十九世紀半ばに設立された前身の「パブリック・レコード・オフィス」以来、当初の公開五十年のルールから二十年に短縮され、さまざまな政府記録の公文書が毎年開示され、歴史の「真実」を物語る貴重な「文書」により触れることができるからです。秘められた日本の諜報活動を裏づける「文書」を可能な限り探し、読み解くことが、日本のインテリジェンス復活の一助になると祈念して、筆を擱(お)かせていただきます。

本書を上梓するにあたって、ＰＨＰ研究所の第一事業制作局、永田貴之局次長に大変お世話になりました。永田さんのご厚情に深く感謝いたします。

二〇二一年八月

コロナ自粛が続く東京・世田谷の自宅にて

岡部　伸

岡部 伸[おかべ・のぶる]

1959年、愛媛県生まれ。立教大学社会学部社会学科を卒業後、産経新聞社に入社。米デューク大学、コロンビア大学東アジア研究所に客員研究員として留学。外信部を経て、モスクワ支局長、社会部次長、社会部編集委員、編集局編集委員などを歴任。2015年12月から19年4月まで英国に赴任。同社ロンドン支局長、立教英国学院理事を務める。現在、同社論説委員。著書に、『消えたヤルタ密約緊急電』(新潮選書、第22回山本七平賞受賞)、『新・日英同盟』(白秋社)、『新・日英同盟と脱中国』(共著、ワニブックス)、『「諜報の神様」と呼ばれた男』(PHP研究所)、『イギリス解体、EU崩落、ロシア台頭』『イギリスの失敗』、共著に『賢慮(けんりょ)の世界史』(以上、PHP新書)などがある。

第二次大戦、諜報戦秘史

PHP新書 1279

二〇二一年九月二十八日　第一版第一刷

著者――岡部 伸

発行者――後藤淳一

発行所――株式会社PHP研究所

東京本部――〒135-8137 江東区豊洲5-6-52

第一制作部 ☎03-3520-9615(編集)

普及部 ☎03-3520-9630(販売)

京都本部――〒601-8411 京都市南区西九条北ノ内町11

組版――有限会社エヴリ・シンク

装幀者――芦澤泰偉＋児崎雅淑

印刷所
製本所――図書印刷株式会社

ISBN978-4-569-85044-3

PHP INTERFACE
https://www.php.co.jp/

PHP新書刊行にあたって

「繁栄を通じて平和と幸福を」(PEACE and HAPPINESS through PROSPERITY)の願いのもと、PHP研究所が創設されて今年で五十周年を迎えます。その歩みは、日本人が先の戦争を乗り越え、並々ならぬ努力を続けて、今日の繁栄を築き上げてきた軌跡に重なります。

しかし、平和で豊かな生活を手にした現在、多くの日本人は、自分が何のために生きているのか、どのように生きていきたいのかを、見失いつつあるように思われます。そして、その間にも、日本国内や世界のみならず地球規模での大きな変化が日々生起し、解決すべき問題となって私たちのもとに押し寄せてきます。

このような時代に人生の確かな価値を見出し、生きる喜びに満ちあふれた社会を実現するために、いま何が求められているのでしょうか。それは、先達が培ってきた知恵を紡ぎ直すこと、その上で自分たち一人一人がおかれた現実と進むべき未来について丹念に考えていくこと以外にはありません。

その営みは、単なる知識に終わらない深い思索へ、そしてよく生きるための哲学への旅でもあります。弊所が創設五十周年を迎えましたのを機に、PHP新書を創刊し、この新たな旅を読者と共に歩んでいきたいと思っています。多くの読者の共感と支援を心よりお願いいたします。

一九九六年十月

PHP研究所

PHP新書

［政治・外交］

893 語られざる中国の結末　宮家邦彦
898 なぜ中国から離れると日本はうまくいくのか　石 平
920 テレビが伝えない憲法の話　木村草太
931 中国の大問題　丹羽宇一郎
954 哀しき半島国家 韓国の結末　宮家邦彦
967 新・台湾の主張　李 登輝
979 なぜ中国は覇権の妄想をやめられないのか　石 平
988 従属国家論　佐伯啓思
1000 アメリカの戦争責任　竹田恒泰
1024 ヨーロッパから民主主義が消える　川口マーン惠美
1060 イギリス解体、EU崩落、ロシア台頭　岡部 伸
1076 日本人として知っておきたい「世界激変」の行方　中西輝政
1083 なぜローマ法王は世界を動かせるのか　徳安 茂
1122 強硬外交を反省する中国　宮本雄二
1124 チベット　自由への闘い　櫻井よしこ
1135 リベラルの毒に侵された日米の憂鬱　ケント・ギルバート
1137 「官僚とマスコミ」は嘘ばかり　髙橋洋一
1153 日本転覆テロの怖すぎる手口　兵頭二十八
1155 中国人民解放軍　茅原郁生
1157 二〇二五年、日中企業格差　近藤大介
1163 AI監視社会・中国の恐怖　宮崎正弘
1169 韓国壊乱　櫻井よしこ／洪 熒
1180 プーチン幻想　グレンコ・アンドリー
1188 シミュレーション日本降伏　北村 淳
1189 ウイグル人に何が起きているのか　福島香織
1196 イギリスの失敗　岡部 伸
1208 アメリカ 情報・文化支配の終焉　石澤靖治
1212 メディアが絶対に知らない2020年の米国と日本　渡瀬裕哉
1225 ルポ・外国人ぎらい　宮下洋一
1226 「NHKと新聞」は嘘ばかり　髙橋洋一
1231 米中時代の終焉　日高義樹
1236 韓国問題の新常識　Voice編集部［編］
1237 日本の新時代ビジョン　鹿島平和研究所・PHP総研［編］
1241 ウッドロー・ウィルソン　倉山 満
1248 劣化する民主主義　宮家邦彦
1250 賢慮（けんりょ）の世界史　佐藤 優／岡部 伸
1254 メルケル 仮面の裏側　川口マーン惠美
1260 中国 vs. 世界　安田峰俊
1261 NATOの教訓　グレンコ・アンドリー

［歴史］

1104 一九四五 占守島の真実 相原秀起
1107 ついに「愛国心」のタブーから解き放たれる日本人 ケント・ギルバート
1108 コミンテルンの謀略と日本の敗戦 江崎道朗
1111 北条氏康 関東に王道楽土を築いた男 伊東 潤／板嶋常明
1115 古代の技術を知れば、『日本書紀』の謎が解ける 長野正孝
1116 国際法で読み解く戦後史の真実 倉山 満
1118 歴史の勉強法 山本博文
1121 明治維新で変わらなかった日本の核心 猪瀬直樹／磯田道史
1123 天皇は本当にただの象徴に堕ちたのか 竹田恒泰
1129 物流は世界史をどう変えたのか 玉木俊明
1130 なぜ日本だけが中国の呪縛から逃れられたのか 石 平
1138 吉原はスゴイ 堀口茉純
1141 福沢諭吉 しなやかな日本精神 小浜逸郎
1142 卑弥呼以前の倭国五〇〇年 大平 裕
1152 日本占領と「敗戦革命」の危機 江崎道朗
1160 明治天皇の世界史 倉山 満
1167 吉田松陰『孫子評註』を読む 森田吉彦
1168 特攻 知られざる内幕 戸髙一成［編］
1176 「縄文」の新常識を知れば 日本の謎が解ける 関 裕二
1177 「親日派」朝鮮人 消された歴史 拳骨拓史
1178 歌舞伎はスゴイ 堀口茉純
1181 日本の民主主義はなぜ世界一長く続いているのか 竹田恒泰
1185 戦略で読み解く日本合戦史 海上知明
1192 中国をつくった12人の悪党たち 石 平
1194 太平洋戦争の新常識 歴史街道編集部［編］
1197 朝鮮戦争と日本・台湾「侵略」工作 江崎道朗
1199 関ヶ原合戦は「作り話」だったのか 渡邊大門
1206 ウェストファリア体制 倉山 満
1207 本当の武士道とは何か 菅野覚明
1209 満洲事変 宮田昌明
1210 日本の心をつくった12人 石 平
1213 岩崎小彌太 武田晴人
1217 縄文文明と中国文明 関 裕二
1218 戦国時代を読み解く新視点 歴史街道編集部［編］
1228 太平洋戦争の名将たち 歴史街道編集部［編］
1243 源氏将軍断絶 坂井孝一
1255 海洋の古代日本史 関 裕二